Mukesh Kumar Verma
Manish Kumar Sinha
Harshit Shukla

Aplicação de modelos de vulnerabilidade das águas subterrâneas numa zona urbana

Mukesh Kumar Verma
Manish Kumar Sinha
Harshit Shukla

Aplicação de modelos de vulnerabilidade das águas subterrâneas numa zona urbana

Integração com o ambiente GIS

ScienciaScripts

Imprint

Any brand names and product names mentioned in this book are subject to trademark, brand or patent protection and are trademarks or registered trademarks of their respective holders. The use of brand names, product names, common names, trade names, product descriptions etc. even without a particular marking in this work is in no way to be construed to mean that such names may be regarded as unrestricted in respect of trademark and brand protection legislation and could thus be used by anyone.

Cover image: www.ingimage.com

This book is a translation from the original published under ISBN 978-620-2-31582-1.

Publisher:
Sciencia Scripts
is a trademark of
Dodo Books Indian Ocean Ltd. and OmniScriptum S.R.L publishing group

120 High Road, East Finchley, London, N2 9ED, United Kingdom
Str. Armeneasca 28/1, office 1, Chisinau MD-2012, Republic of Moldova, Europe
Printed at: see last page
ISBN: 978-620-7-93517-8

Esta página foi deixada em branco intencionalmente

Prefácio

21ˢᵗ século testemunhou um enorme crescimento da urbanização em todo o mundo. Este crescimento urbano não gerido e o rápido aumento da população estão a causar um impacto significativo no sector da água, especialmente nos recursos hídricos subterrâneos. O crescimento descontrolado da população e o aumento do desenvolvimento das infra-estruturas urbanas estão a causar enormes danos e a reduzir a disponibilidade das águas subterrâneas nas zonas urbanas. As águas subterrâneas são a principal fonte de água utilizada em larga escala para fins de consumo, irrigação, etc., uma vez que têm menos probabilidades de contaminação do que as águas superficiais. Devido à irregularidade da precipitação e à elevada taxa de crescimento da população, a dependência das águas subterrâneas está a aumentar de forma fenomenal. Não se trata de uma fonte ilimitada e, por conseguinte, tem de ser gerida contra a exploração excessiva e a contaminação.

No ano de 2018, a Comissão de Planeamento da Índia notificou mais de 20 cidades que irão terminar com a reserva de águas subterrâneas após o ano de 2020, depois de declarar Shimla e Hyderabad como as primeiras. Por conseguinte, a proteção dos recursos hídricos subterrâneos e a sua utilização adequada são essenciais. Para o efeito, foram criados modelos de águas subterrâneas para avaliar a vulnerabilidade e as possibilidades de contaminação dos recursos hídricos subterrâneos. Este livro aborda a aplicação de dois modelos de vulnerabilidade das águas subterrâneas muito famosos, o DRASTIC e o SINTACS. Estes modelos foram utilizados numa cidade urbana chamada Raipur, no centro da Índia, com a aplicação de técnicas de Sistema de Informação Geográfica (SIG). No atual cenário de urbanização, a população da cidade de Raipur está a aumentar rapidamente, pelo que a utilização das águas subterrâneas também está a aumentar, assim como a suscetibilidade de contaminação das águas subterrâneas. O abastecimento de água doce a Raipur e Naya Raipur provém de ambas as fontes, ou seja, águas de superfície e águas subterrâneas. As águas subterrâneas são fornecidas diretamente, sem qualquer tratamento, e a água dos poços privados também é utilizada diretamente. Com este objetivo, este livro inclui a aplicação de ambos os modelos de vulnerabilidade em ambiente GIS. O conhecimento destes resultados para uma área pode ser convenientemente utilizado pelos gestores locais de recursos hídricos, além disso, dará uma ferramenta abrangente aos responsáveis pela discussão para utilizar e prever a base de dados modelada durante a aplicação dos modelos de vulnerabilidade das águas subterrâneas.

Autores

Índice

CAPÍTULO 1

Introdução

A água subterrânea é um dos recursos hídricos mais importantes da Terra. É a água localizada abaixo da superfície da terra nos espaços porosos do solo e nas fracturas das formações rochosas. Uma unidade de rocha ou um depósito não consolidado é designado por aquífero quando pode produzir uma quantidade utilizável de água. A profundidade até à qual os espaços porosos do solo ou as fracturas ficam completamente saturados de água é designada por lençol freático. Naturalmente, a água subterrânea é recarregada pela precipitação. É recarregada através do processo de infiltração, a água infiltrada, depois de satisfazer a deficiência de humidade do solo, percola profundamente e torna-se água subterrânea. A água subterrânea é também frequentemente retirada para uso agrícola, municipal e industrial através da construção e exploração de poços de extração. O estudo da distribuição e do movimento das águas subterrâneas é a hidrogeologia, também designada por hidrologia das águas subterrâneas.

1.1 Contexto

A água subterrânea é um recurso natural na maioria dos países, particularmente nos que se situam em zonas áridas e semi-áridas. Devido à sua relativamente baixa suscetibilidade à poluição em comparação com as águas superficiais (Jamrah et al., 2008), é a fonte de água doce disponível para todo o desenvolvimento socioeconómico. Mas a existência de águas subterrâneas está sob grande pressão de degradação, tanto em termos de qualidade como de quantidade. O aumento da população, a falta de sensibilização das pessoas e a gestão incorrecta deste valioso recurso conduzem ao esgotamento do potencial e à deterioração da qualidade. Por conseguinte, é muito importante ter uma compreensão adequada do sistema aquífero e das características hidrogeológicas da área para o desenvolvimento e a exploração segura das águas subterrâneas.

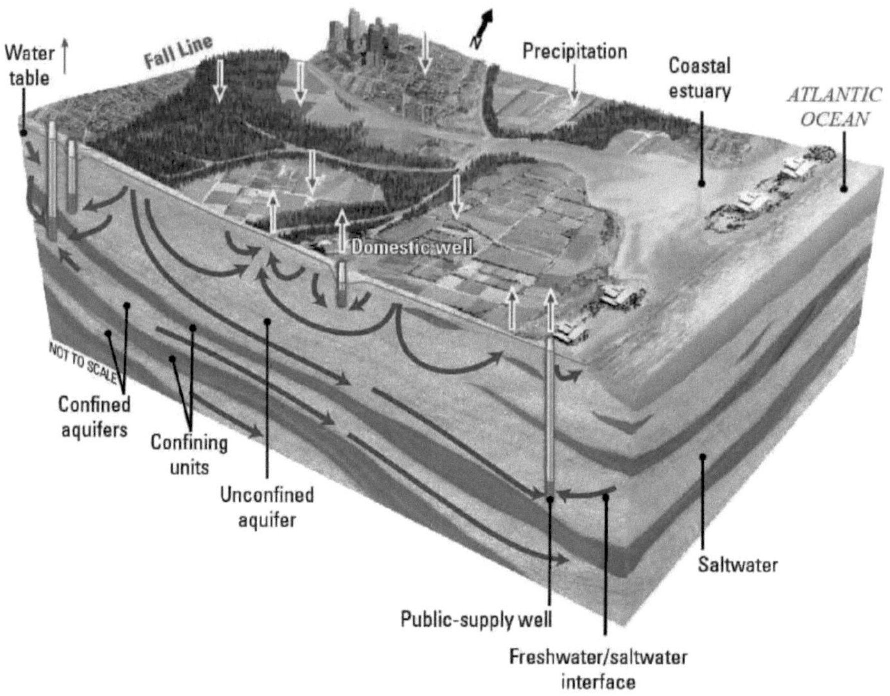

Figura 1-1: O que torna um aquífero vulnerável à contaminação (Fonte: https://fl.water.usgs.gov/floridan/

A água subterrânea é um recurso natural extremamente valioso para a obtenção fiável e financeira do abastecimento de água no planeta. É uma fonte notável de abastecimento de água em áreas áridas e semiáridas, zonas rústicas, países em desenvolvimento, algumas comunidades super urbanas, além dos domínios industrializados. Posteriormente, a água subterrânea é presumivelmente o recurso natural mais extraído, uma vez que é seriamente utilizado para satisfazer os diferentes pedidos, incluindo os residenciais, modernos e agrícolas (Aljazzar, 2010). No entanto, as águas subterrâneas têm enfrentado uma contaminação progressivamente genuína. Além disso, a contaminação das águas subterrâneas é indetetável, complexa e de longo curso e o tratamento da contaminação das águas subterrâneas não é razoável. Deste modo, o controlo da contaminação das águas subterrâneas e a ação contra-ativa são excecionalmente críticos (Jinsheng Wang, 2012).

Quadro 1-1 Principais fontes de poluição das águas subterrâneas e algumas das suas principais características (Barber et al., 1993)

Pollution Category	Pollution Source	Main Pollutant	Potential impact
Municipal	Sewer leakage	Nitrate Viruses and Bacteria	Health risk to users, eutrophication of water bodies, odour and taste
	Septic tanks, cesspools, privies		
	Sewage effluent and sludge	Nitrate, Minerals, Organic compounds, Viruses and Bacteria	
	Storm water runoff	Bacteria and Viruses	Health risk to water users
	Landfills	Inorganic minerals, Organic compounds, Heavy metals, Bacteria and Viruses	Health risk to users, eutrophication of water bodies, odour and taste
	Cemeteries	Nitrate, Viruses and Bacteria	Health risk to water users
Agriculture	Feedlot wastes	Nitrate-nitrogen-ammonia, Viruses and Bacteria	Health risk to water users (e.g. Metahemoglobinemia)
	Pesticides and herbicides	Organic compounds	Toxic / Carcinogenic
	Fertilisers	Nitrogen, Phosphorous	Eutrophication of water bodies.
	Leached salts	Dissolved salts	Increased TDS in groundwater
Industrial	Process water and plant effluent	Organic Compounds Heavy Metals	Carcinogens and toxic elements (As, Cn)
	Industrial landfills	Inorganic minerals, Organic compounds, Heavy metals, Bacteria and Viruses	Health risk to users, eutrophication of water bodies, odour and taste
	Leaking storage tanks (e.g. Petrol stations)	Hydrocarbons, Heavy Metals	Odour and taste
	Chemical transport	Hydrocarbons, chemicals	Carcinogens and toxic compounds
	Pipeline leaks		
Atmospheric Deposition	Coal fired Power stations	Acidic precipitation	Acidification of groundwater and toxic leached heavy metals
	Vehicle emissions		
Mining	Mine tailings & stockpiles	Acid Drainage	
	Dewatering of Mine shafts	Salinity, Inorganic compounds, Metals	May increase concentrations of some compounds to toxic levels.
Groundwater Development	Salt Water Intrusion	Inorganic minerals Dissolved salts	Steady water quality deterioration

No cenário atual, a avaliação da vulnerabilidade das águas subterrâneas é um dos instrumentos vitais para conhecer as regiões susceptíveis à poluição. A vulnerabilidade é definida como a probabilidade de percolação e dispersão de poluentes da superfície para as águas subterrâneas (Babiker et al., 2005). No entanto, a familiaridade de potenciais contaminantes com uma área no topo de um aquífero numa posição predefinida num sistema subterrâneo é caracterizada como vulnerabilidade das águas subterrâneas (National Research Council, 1993). A vulnerabilidade à poluição varia para cada aquífero, começando com um poluente e passando depois para o seguinte. A vulnerabilidade é classificada como vulnerabilidade específica e intrínseca; a vulnerabilidade específica refere-se à determinação das hipóteses de ser poluído por um poluente específico, enquanto a vulnerabilidade intrínseca se refere à determinação das hipóteses de ser poluído em geral. A avaliação da vulnerabilidade é efectuada por estas três abordagens, nomeadamente métodos de índice e sobreposição, métodos estatísticos e modelos de simulação baseados em processos. Os métodos de índice e sobreposição são utilizados para a avaliação primária das zonas vulneráveis; os modelos utilizados neste método são o AVI, o DRASTIC, o GOD, o SI, o SINTACS, etc., dos quais o DRASTIC é o mais utilizado em todos os países.

Em todo o mundo, há mais indivíduos a viver nas zonas urbanas do que nas zonas rústicas. A urbanização refere-se a um processo em que uma parte cada vez maior de toda a população vive em zonas urbanas, ou seja, nos subúrbios das comunidades urbanas e/ou na alteração da utilização do solo, passando da agricultura ou de terras ou vegetação inférteis para assentamentos humanos, indústrias e sectores comerciais. Este processo de urbanização é persistente durante muito tempo devido ao crescimento da população, à reclassificação das zonas rurais em regiões urbanas e à deslocação de indivíduos das zonas rurais para as comunidades urbanas.

As comunidades urbanas têm sido regularmente consideradas como motores de desenvolvimento monetário e oferecem grandes oportunidades de emprego à população em rápido desenvolvimento. Por conseguinte, atrai para si uma população cada vez maior. A urbanização e a pressão da população em expansão são duas dificuldades primordiais no planeamento urbano e na administração, particularmente para as áreas urbanas dos países em desenvolvimento. A expansão urbana nas suas diferentes estruturas é uma questão excecionalmente atual na Índia e representa um desafio para as instituições de planeamento urbano devido às despesas sempre crescentes de melhoria das infra-estruturas.

Além disso, estas alterações na estrutura do desenvolvimento urbano, que obrigam a uma urbanização rápida, causarão sem dúvida impactos adversos no ambiente e nos recursos hídricos. Todos os anos, o número de pessoas aumenta, mas a quantidade de recursos naturais com que se pode sustentar esta população, melhorar a qualidade de vida humana e eliminar a pobreza em massa permanece limitada. Podemos dizer que a urbanização influencia a gestão dos recursos naturais acessíveis nas áreas urbanas, que não podem desenvolver-se tão rapidamente como uma população humana. Este facto faz com que as autoridades sejam pressionadas a utilizar os recursos naturais para fornecer às pessoas as comodidades essenciais, por exemplo, água, saneamento, transportes, etc. Esta pressão sobre os recursos hídricos pode ser observada em muitas megacidades dos países asiáticos em desenvolvimento e recentemente industrializados, que se confrontam com uma escassez de água. Além disso, apesar da rápida urbanização, a principal causa das deficiências de água é o crescimento da população, o desenvolvimento de assentamentos espontâneos (casuais) nas regiões (sub)urbanas, as mudanças no estilo de vida e o aumento do consumo de água per capita.

A qualidade da água potável nas comunidades urbanas indianas tem vindo a degradar-se nos últimos anos, principalmente devido ao elevado desenvolvimento da população, ao desenvolvimento improvisado das comunidades urbanas, aos padrões mistos de utilização dos solos, à inexistência de um sistema de esgotos legítimo e à eliminação incorrecta das águas residuais, tanto da unidade familiar como das actividades industriais (Rahman, 2008). Mais do que a contaminação das águas superficiais, a contaminação subterrânea é difícil de distinguir, é significativamente mais difícil de controlar e pode manter-se durante muito tempo, décadas ou mesmo centenas de anos (Todd, 1980). O abastecimento de água doce a Raipur e Naya Raipur provém de ambas as fontes, ou seja, águas superficiais e águas subterrâneas. As águas subterrâneas podem ser poluídas normalmente ou devido a vários tipos de actividades humanas; as actividades residenciais, metropolitanas, comerciais, industriais e hortícolas podem influenciar a qualidade das águas subterrâneas (Baier et al, 2013). No atual cenário de urbanização, a população de Raipur está a aumentar rapidamente, pelo que a utilização das águas subterrâneas também está a aumentar, assim como a suscetibilidade de contaminação das águas subterrâneas. Esta água é fornecida diretamente sem qualquer tratamento e a água do poço privado também é utilizada diretamente (CPHEEO, 2012). Por conseguinte, neste estudo, a avaliação das zonas vulneráveis às águas subterrâneas susceptíveis de contaminação em Raipur e Naya Raipur foi efectuada com a ajuda do sistema de informação geográfica (SIG). O SIG fornece substitutos adequados para a gestão eficaz de bases de dados grandes e complexas. O SIG oferece uma experiência excecionalmente conveniente para estudar a interação entre recursos distribuídos espacialmente.

1.2 Conceitos básicos da vulnerabilidade das águas subterrâneas

A vulnerabilidade das águas subterrâneas (GWV) pode ser definida como a resistência proporcionada pelos factores naturais ou humanos que mantêm a poluição afastada das águas subterrâneas (GW) ou, por outras palavras, pode ser definida como a medida do grau de isolamento proporcionado pelo ambiente das águas subterrâneas que não permite que os contaminantes da superfície terrestre atinjam as águas subterrâneas.

O grau de vulnerabilidade depende do grau de proteção que os factores naturais oferecem para manter a água subterrânea a salvo de actividades antropogénicas na superfície da terra que podem causar contaminação da água subterrânea. O GWV é baixo se os factores naturais oferecerem uma forte resistência aos contaminantes e não permitirem que estes entrem nos aquíferos de produção; por outro lado, o GWV é elevado quando os factores naturais não são capazes de impedir que os contaminantes entrem no aquífero de produção ou oferecem pouca proteção aos aquíferos.

O número de definições fornecidas por diferentes fontes é o seguinte

As águas subterrâneas não estão totalmente a salvo da contaminação por actividades antropogénicas, uma vez que as águas subterrâneas são utilizadas na superfície terrestre e os recursos hídricos subterrâneos têm contacto direto com a superfície terrestre, uma vez que toda a recarga natural é a fonte das águas subterrâneas.

Os factores de que depende o GWV

a.   Tempo de viagem que os contaminantes levam a atingir as águas subterrâneas,

b.   Espessura e propriedades hidráulicas das formações geológicas acima do aquífero.

O fator tempo é o parâmetro mais importante que determina o GWV. Se um contaminante leva muito tempo a chegar à água subterrânea a partir do topo da superfície terrestre, então no caminho os contaminantes são quimicamente atenuados ou absorvidos pelo meio, desta forma o seu efeito é reduzido, pelo que o GWV é baixo neste caso. Por outro lado, se o poluente se desloca lentamente devido à baixa permeabilidade do solo ou à baixa condutividade hidráulica, o GWV também é baixo. A topografia da área, as propriedades da zona não saturada, a infiltração, todos estes factores também afectam o GWV. O GWV é elevado se o tempo de viagem do contaminante for de curta duração devido à elevada permeabilidade do solo ou à elevada condutividade hidráulica.

1.2.1 Tipos de vulnerabilidade GW

Vulnerabilidade intrínseca

A vulnerabilidade que não tem em conta a presença de contaminantes e que se centra apenas na interpretação das condições ambientais naturais é designada por Vulnerabilidade Intrínseca. É também conhecida como suscetibilidade, sensibilidade do aquífero ou vulnerabilidade natural.

Vulnerabilidade específica

A vulnerabilidade que se considera ser uma função do tipo de poluente ou da vulnerabilidade a uma utilização específica do solo é designada por vulnerabilidade específica. É também conhecida como vulnerabilidade integrada.

1.2.2 Necessidade de avaliação da vulnerabilidade das águas subterrâneas

A avaliação do VAB dá uma ideia relativa da vulnerabilidade da zona de acordo com os dados disponíveis e o parecer científico a um nível económico. Ajuda a fornecer uma ferramenta de tomada de decisões aos planeadores da utilização dos solos, aos decisores políticos, aos gestores dos recursos hídricos e a sensibilizar as populações locais. Não fornece um valor exato de vulnerabilidade, fornecendo sempre um valor relativo. Ajuda a obter benefícios ambientais e de saúde pública, fornecendo informações sobre os esforços de proteção da GW a baixo custo.

1.2.3 *Limitações da avaliação da GWV*

O GWV não fornece uma previsão exacta, mas sim um resultado relativo da contaminação por GW. A avaliação GW é apenas uma ferramenta de planeamento e de tomada de decisões. Não garante o risco de contaminação, quer esta venha ou não a ocorrer.

Funciona com base em determinados pressupostos, que são os seguintes

a.   Todas as águas subterrâneas são, em certa medida, vulneráveis.

b.   A incerteza é inerente a todas as avaliações de GWV.

Existe o risco de que o óbvio seja obscurecido e o subtil se torne indistinguível.

O objetivo deste estudo é analisar a vulnerabilidade das águas subterrâneas nas cidades de Raipur e Naya Raipur utilizando os modelos DRASTIC e SINTACS. Além disso, o mapa de vulnerabilidade das águas subterrâneas tem de ser desenvolvido com a ajuda do ambiente SIG. Os mapas de vulnerabilidade foram obtidos e ambos os métodos foram comparados para analisar a eficácia de ambos os modelos numa bacia hidrográfica urbana.

2 *Estado da arte da vulnerabilidade GW*

Este capítulo faz uma breve revisão do estado geral ou do estado das águas subterrâneas, das fontes de contaminação das águas subterrâneas, da necessidade de avaliação e cartografia da vulnerabilidade das águas subterrâneas. Dá uma breve informação sobre a metodologia adoptada para a avaliação da qualidade das águas subterrâneas.

2.1 Antecedentes

As águas subterrâneas podem ficar contaminadas naturalmente ou devido a numerosos tipos de actividades humanas; as actividades residenciais, municipais, comerciais, industriais e agrícolas podem todas afetar a qualidade das águas subterrâneas. As fontes comuns de poluição das águas subterrâneas provenientes da indústria são os tanques de armazenamento subterrâneos e de superfície, as condutas de efluentes, os esgotos/colectores industriais, os poços de injeção de resíduos, as áreas de armazenamento de produtos químicos a granel, os efluentes líquidos e as lagoas de processo, os locais de eliminação de resíduos sólidos de processo, etc. Infelizmente, a utilização indiscriminada de agroquímicos, a gestão inadequada dos esgotos, o planeamento inadequado dos recursos hídricos, a falta de sensibilização para a água e a não aplicação das medidas desejadas criaram um cenário alarmante de escassez de água doce na Índia. Foi identificada uma grande variedade de materiais como contaminantes das águas subterrâneas. Estes incluem produtos químicos orgânicos sintéticos, hidrocarbonetos, catiões inorgânicos, aniões inorgânicos, agentes patogénicos e radionuclídeos. De acordo com a Organização Mundial de Saúde, cerca de 80% de todas as doenças dos seres humanos são transmitidas pela água. Além disso, as águas subterrâneas e os poluentes que podem transportar deslocam-se a uma velocidade muito baixa, pelo que pode ser necessário um longo período para que os contaminantes se afastem da fonte de poluição e também a degradação da qualidade das águas subterrâneas pode permanecer imprevisível durante anos. Uma vez que a água subterrânea esteja contaminada, a sua qualidade não pode ser restaurada através da eliminação dos poluentes das fontes. Torna-se, portanto, imperativo monitorizar regularmente a qualidade das águas subterrâneas e formular formas e meios de as proteger. É necessária uma estratégia e orientações definidas para todos os países, que se concentrem numa parte específica da gestão das águas subterrâneas, nomeadamente a proteção das águas subterrâneas contra a contaminação e a gestão dos recursos hídricos subterrâneos a partir do solo.

As várias formas de definir a vulnerabilidade das águas subterrâneas (After NRC, 1993).

Foster (1987): "Vulnerabilidade à poluição do aquífero - as características intrínsecas que determinam a sensibilidade de várias partes de um aquífero a serem adversamente afectadas por uma carga contaminante imposta. Risco de Poluição das Águas Subterrâneas - a interação entre (a) a vulnerabilidade natural do aquífero, e (b) a carga poluente que é, ou será, aplicada no ambiente subsuperficial como resultado da atividade humana."

U.S. General Accounting Office (1991): "Vulnerabilidade Hidrogeológica - uma função de factores geológicos como a textura do solo e a profundidade das águas subterrâneas."

Vulnerabilidade total - "uma função destes factores hidrogeológicos, bem como dos factores de utilização de pesticidas que influenciam a suscetibilidade dos sítios".

Pettyjohn et al (1991): "Vulnerabilidade do Aquífero - A geologia do sistema físico determina a vulnerabilidade. Sensibilidade do aquífero - A sensibilidade do aquífero está relacionada com o potencial de contaminação. Ou seja, os aquíferos que têm um elevado grau de vulnerabilidade e se encontram em áreas de elevada densidade populacional são considerados os mais sensíveis."

Agência de Proteção Ambiental dos EUA (1993): "Sensibilidade do aquífero - A facilidade relativa com que um contaminante (neste caso um pesticida) aplicado na superfície terrestre ou perto dela pode migrar para o aquífero de interesse. A sensibilidade do aquífero é uma função das características intrínsecas dos materiais geológicos de interesse, de quaisquer materiais saturados sobrejacentes e da zona não saturada sobrejacente. A sensibilidade não depende das práticas agronómicas ou das características dos pesticidas."

Vulnerabilidade das águas subterrâneas - "A facilidade relativa com que um contaminante (neste caso um pesticida) aplicado à superfície ou perto da superfície da terra pode migrar para o aquífero de interesse sob um determinado conjunto de práticas de gestão agronómica, características do pesticida e condições de sensibilidade hidrogeológica."

NRC (1993): "O NRC (1993) definiu a vulnerabilidade das águas subterrâneas como a tendência ou probabilidade de os contaminantes atingirem uma posição específica no sistema de águas subterrâneas após a introdução em algum local acima do aquífero superior. Mas mais tarde no livro, o NRC também diferenciou dois tipos de vulnerabilidade: vulnerabilidade específica (referenciada a um contaminante específico, classe de contaminantes ou atividade humana) e vulnerabilidade intrínseca, que não considera os atributos e o comportamento de contaminantes específicos."

Quadro 2-1 Exemplos de diferentes abordagens à avaliação da vulnerabilidade (Barber et al., 1993)

Type of assessment	Scale of Application	Pollution Hazard	Example Identifier	Reference
Empirical	Local Local Regional & Local Regional Regional/National	UST - petroleum Landfill leachate Universal Universal Universal Aldicarb	MATRIX LeGrand DRASTIC GOD	Orgon DEQ, 1991 LeGrand, 1983 Aller et al., 1985 Foster, 1987 NRA, 1991 Lover et al., 1989
Deterministic	Local/regional Regional	Specific pollutants Pesticides	LPI	Bachmat & Collin, 1987 Meeks and Dean, 1990
Combined Empirical Deterministic	Regional Regional	Pesticides Pesticides	DRASTIC-CLMS DRASTIC-PRZM	Ehteshami et al., 1991 Banton & Villeneuve, 1989
Probabilistic	Regional	Pesticides	VULPEST	Villeneuve et al., 1990
Stochastic	Regional Regional possible National	Pesticides Universal/Pesti cides	Discriminant Analysis weight of evidence models	Teso, 1989 New LWRRC project

A avaliação da vulnerabilidade das águas subterrâneas é a determinação das hipóteses de contaminação das águas subterrâneas devido à introdução de qualquer contaminante ao nível da superfície. A avaliação da vulnerabilidade é de dois tipos, nomeadamente a vulnerabilidade intrínseca e a vulnerabilidade específica. A vulnerabilidade intrínseca representa as probabilidades de contaminação por qualquer tipo de contaminante e depende das características internas do contexto hidrogeológico da zona de estudo, ao passo que a vulnerabilidade específica representa as probabilidades de contaminação por um tipo específico de contaminante. A maior parte dos estudos foi efectuada para determinar a vulnerabilidade intrínseca porque não exige informações muito pormenorizadas e todas as informações necessárias estão imediatamente disponíveis ou podem ser obtidas. Para a avaliação das necessidades específicas de vulnerabilidade, são também necessárias informações muito pormenorizadas e precisas sobre o contaminante e o meio de transporte. Vários estudos afirmam que o Sistema de Informação Geográfica (SIG) é uma ferramenta muito útil e mais fácil de avaliar a vulnerabilidade.

2.2 Avaliação da vulnerabilidade

2.2.1 Vulnerabilidade das águas subterrâneas

A introdução de potenciais contaminantes num local no topo de um aquífero, numa posição específica de um sistema subterrâneo, é definida como vulnerabilidade da água subterrânea (National Research Council, 1993). Como pode ser entendido a partir da definição acima, a vulnerabilidade das águas subterrâneas não é uma propriedade absoluta ou mensurável, mas uma indicação da possibilidade relativa de ocorrência de contaminação dos recursos hídricos subterrâneos. Este entendimento implica um conceito de vulnerabilidade muito básico: todas as águas subterrâneas são vulneráveis. O conceito de vulnerabilidade das águas subterrâneas à contaminação foi introduzido na década de 1960 em França por J. Margat, 1986 "Groundwater Vulnerability to Contamination". A importância da avaliação da vulnerabilidade das águas subterrâneas à contaminação resulta do facto de a monitorização das águas subterrâneas ser morosa e demasiado dispendiosa para definir adequadamente a extensão geográfica da contaminação à escala regional. Assim, a análise e identificação da distribuição espacial das várias áreas vulneráveis à contaminação é bastante importante. Os mapas de vulnerabilidade são ferramentas úteis para a afetação dos recursos limitados de monitorização às áreas onde são mais necessários (Thapinta e Hudak, 2003).

Existem dois tipos principais de avaliação da vulnerabilidade: intrínseca e específica. A vulnerabilidade intrínseca trata das possibilidades de poluição sem considerar um poluente específico. A vulnerabilidade específica significa que a vulnerabilidade se refere a um contaminante específico de interesse. Foram introduzidos vários métodos para estimar a vulnerabilidade das águas subterrâneas com elevada precisão. Na maioria dos casos, estes procedimentos consistem em ferramentas analíticas para a contaminação das águas subterrâneas com actividades terrestres. Existem três categorias de processos e procedimentos de avaliação:

(i)   Modelos de simulação baseados em processos

(ii)   Métodos estatísticos e

(iii)   Métodos de sobreposição e de índice.

2.2.2 *Métodos de avaliação da vulnerabilidade do GW*

Modelos de simulação baseados em processos

Os modelos de simulação baseados em processos incorporam muitos dos processos físicos e por vezes químicos que prevêem as possibilidades e o transporte de contaminantes nas zonas não saturadas e saturadas. Estes modelos são únicos em relação a todos os outros métodos porque prevêem o transporte de contaminantes tanto no espaço como no tempo. Normalmente, os modelos baseados em processos têm sido desenvolvidos e aplicados principalmente por investigadores. Estes modelos requerem uma enorme base de dados, pelo que o processo é complexo por natureza. Podem utilizar os métodos de transporte de soluto juntamente com diferentes modelos de reação química que podem descrever a dinâmica que um poluente pode sofrer. Exemplos de tais modelos incluem SUTRA, PRZM, LEACHP e GLEAMS. Vários autores combinaram o SIG com modelos baseados em processos. (De Paz J. M. e Ramos C., 2002) associaram o SIG ao modelo GLEAMS para facilitar a avaliação da lixiviação de nitratos e a zonagem das zonas de risco de poluição por nitratos à escala regional.

Métodos estatísticos

Os métodos estatísticos podem ser utilizados para calcular, determinar, avaliar e quantificar a relação entre as medidas de vulnerabilidade e vários parâmetros que parecem estar altamente relacionados com a vulnerabilidade. Os métodos estatísticos baseiam-se no conceito de aleatoriedade que é descrito em termos de distribuições de probabilidade para as diferentes variáveis de interesse. O método estatístico relaciona a probabilidade de um potencial contaminante exceder um limiar com um conjunto de possíveis variáveis de influência. O conceito de abordagem estatística é flexível, uma vez que pode lidar com conjuntos de dados qualitativos, quantitativos e também mistos. Exemplos de métodos estatísticos incluem a análise de regressão simples e múltipla para variáveis simples e multivariadas e a análise de variância. Uma possível aplicação de técnicas estatísticas nas avaliações da vulnerabilidade das águas subterrâneas inclui a estimativa da probabilidade de um poluente contaminar o aquífero subjacente.

Métodos de sobreposição e de índice

Os métodos de sobreposição e de índice baseiam-se na combinação e sobreposição de mapas de diferentes atributos de camadas temáticas, atribuindo uma classificação e um peso a cada atributo (National Research Council., 1993). Um mapa de vulnerabilidade das águas subterrâneas do tipo overlay é preparado através da sobreposição de uma série de mapas e da visualização das distribuições dos atributos considerados importantes na caraterização do potencial de contaminação das águas subterrâneas. Em geral, obtém-se um único mapa que representa áreas de vulnerabilidade diferentes, designadas por um valor de índice, padrão e cor.

2.2.3 Alguns dos estudos de modelos de vulnerabilidade

São derivados mapas de índices qualitativos que reúnem os principais factores que se acredita determinarem os processos de transporte de poluentes. Assim, os métodos de sobreposição e de índice baseados em modelos de mapeamento da vulnerabilidade das águas subterrâneas integram essencialmente classificações e atributos de factores importantes (nomeadamente, profundidade do lençol freático, taxas de recarga líquidas, propriedades do solo e do aquífero, topografia da área) que controlam o transporte de poluentes de uma superfície do solo para um aquífero. Exemplos populares deste tipo de métodos são o índice DRASTIC (Aller et al., 1987).

Nesta tese, ao considerar a disponibilidade de dados, os métodos baseados em sobreposição e em índices são revistos devido a muitas vantagens, tais como a representação dos mapas de avaliação da vulnerabilidade e a possibilidade de estimar os dados necessários com base em algumas experiências. Os métodos baseados em índices são mais adequados para produzir ferramentas de rastreio à escala regional para utilização na tomada de decisões e para dar prioridade às áreas de incidência e ao nível de avaliação dos sítios (Liggett e Talwar, 2009).

Foram propostas várias abordagens para a criação de mapas de avaliação da vulnerabilidade dos aquíferos, tais como DRASTIC (Aller et al., 1987), GOD (Foster et al., 2002), AVI e A avaliação da vulnerabilidade dos aquíferos à intrusão de água salgada foi efectuada no distrito de Bhavnagar, Gujarat, utilizando o índice GALDIT (Mitra, 2005).

Napolitano & Fabbri (1996) descreveram a análise de sensibilidade de um único parâmetro para modelos de vulnerabilidade intrínseca como o SINTACS e o DRASTIC. O SIG é a ferramenta mais útil para este tipo de análise de sensibilidade paramétrica e não consome muito tempo. A análise de sensibilidade pode ser utilizada para validação, avaliação da consistência dos resultados e interpretação do índice de vulnerabilidade. Os resultados deste teste ajudam o decisor a compreender o peso efetivo das camadas e também ajudam os não especialistas em SIG a compreender os resultados do modelo.

Thirumalaivasan et al. (2003) estabeleceram um modelo AHP-DRASTIC para inferir os pesos e classificações das camadas DRASTIC modificadas para avaliar a vulnerabilidade específica do aquífero. O Analytic Hierarchy Process (AHP) é utilizado para determinar os pesos e as classificações de todas as camadas utilizadas no modelo DRASTIC para avaliar a vulnerabilidade. A modificação é efectuada na gama de camadas do modelo, nomeadamente a condutividade hidráulica, a topografia, o impacto da zona vadosa e a profundidade do lençol freático para obter um mapa de vulnerabilidade preciso com base nas condições locais. A validação é feita utilizando as amostras de nitrato recolhidas dos poços na área de estudo e foi obtida uma relação linear entre o índice de vulnerabilidade e o teor de nitrato.

Babiker et al. (2005) apresentaram a avaliação da vulnerabilidade do aquífero em Kakamigahara Heights, na província de Gifu, no centro do Japão, utilizando o modelo DRASTIC. O mapa do resultado final foi categorizado em três classes de vulnerabilidade, nomeadamente alta, moderada e baixa. O estudo revela que o parâmetro de recarga líquida apresentou a maior contribuição para o mapa DRASTIC final. O teste de análise de sensibilidade mostra que a condutividade hidráulica e a recarga líquida são os parâmetros importantes que conduziram à elevada vulnerabilidade do aquífero Kakamigahara. O SIG foi considerado uma ferramenta muito útil para o manuseamento de grandes quantidades de dados espaciais e, para a implementação da análise de sensibilidade, provou ser a forma mais fácil de lidar com uma quantidade tão grande de dados.

Almasri (2007) utilizou o modelo DRASTIC para avaliar a vulnerabilidade do aquífero costeiro de Gaza e o índice de vulnerabilidade DRASTIC final revela que 13% da região da Faixa de Gaza se encontra na zona de vulnerabilidade elevada, o que é ainda validado utilizando as concentrações de nitratos dos poços de amostragem. A concentração de nitratos nos poços de amostragem das zonas de vulnerabilidade moderada e alta tem uma densidade mais elevada do que na zona de vulnerabilidade baixa. O teste de análise de sensibilidade mostra a maior contribuição da profundidade do lençol freático no mapa final do índice de vulnerabilidade para a zona de vulnerabilidade elevada.

Rahman (2008) tentou descobrir as zonas vulneráveis do aquífero superficial em Aligarh utilizando o modelo DRASTIC. Os resultados deste estudo sugerem que a área de Aligarh e as zonas próximas se encontram em zonas de vulnerabilidade moderada e elevada das águas subterrâneas susceptíveis de contaminação. Um total de 56,43% da área encontra-se na zona de vulnerabilidade elevada devido à topografia de Aligarh e das áreas próximas. Na zona urbana, os produtos químicos são diretamente despejados nos esgotos, o que torna a zona urbana uma zona altamente vulnerável. O mapa DRASTIC final pode ser utilizado como uma ferramenta de referência pelas autoridades de gestão para tomar medidas de precaução para controlar a contaminação das águas subterrâneas.

Ducci (2010) investigou a relação de dois parâmetros, nomeadamente a condutividade hidráulica e o meio aquífero, e validou a sua dependência para a avaliação da vulnerabilidade do aquífero utilizando o modelo SINTACS. A não independência das camadas é avaliada através da análise de sensibilidade utilizando o ambiente SIG. Os resultados mostram que a condutividade hidráulica e o meio aquífero são parâmetros não independentes na avaliação da vulnerabilidade. Com base no mapa de vulnerabilidade e nos resultados da análise de sensibilidade, sugere-se que os modelos DRASTIC e SINTACS possam ser aplicados aos dados de maior precisão.

Samake et al. (2011) utilizaram o método DRASTIC para avaliar a vulnerabilidade das águas subterrâneas do aquífero superficial na bacia de Linfen, na China. O mapa de vulnerabilidade final mostra que 16,38% da área total se enquadra na classe moderada. O mapa do resultado final está dividido em três partes: zona de vulnerabilidade muito baixa, zona de vulnerabilidade baixa e zona de vulnerabilidade moderada. O mapa resultante não apresenta a verdadeira imagem da contaminação das águas subterrâneas porque os resultados mostram que é menos vulnerável, mas o cenário real não é o mesmo que o mostrado pelos resultados.

Majandang & Sarapirome (2012) utilizaram o modelo SINTACS para avaliar a vulnerabilidade do distrito de Non Rua, na Tailândia, e efectuaram uma análise de sensibilidade para verificar a eficácia dos parâmetros utilizados. As amostras de concentração de nitrato de 87 poços são utilizadas para correlacionar com o resultado do índice de vulnerabilidade. O resultado mostra que 8,21% da área se encontra numa zona de vulnerabilidade elevada e 2,95% da área numa zona de vulnerabilidade extremamente elevada. Os parâmetros que influenciam são o meio do solo, a taxa de infiltração e a profundidade do lençol freático. A concentração de nitratos e o índice de vulnerabilidade SINTACS apresentam um coeficiente de correlação tão elevado como 0,51.

Abdelmadjid & Omar (2013) avaliaram a poluição das águas subterrâneas pela concentração de nitratos com a ajuda de métodos de vulnerabilidade intrínseca como DRASTIC, GOD e SI para as águas subterrâneas do vale do Nil e os resultados deste estudo revelam que o método DRASTIC é o método mais significativo com a percentagem de distribuição espacial de 71% em comparação com 63% e 54% para os métodos SI e GOD. Verifica-se que 20% da área total é abrangida pela zona de alta vulnerabilidade quando o método DRASTIC é aplicado e 30% da área no caso do método GOD.

Khemiri et al. (2013) compararam os métodos paramétricos intrínsecos de avaliação da vulnerabilidade das águas subterrâneas com os cenários de poluição da zona climática semi-árida. Cinco métodos de vulnerabilidade intrínseca, nomeadamente DRASTIC, GOD, SINTACS e SI, foram utilizados neste estudo para preparar o mapa de vulnerabilidade e os resultados revelam que a área sul do aquífero Foussana é a zona mais vulnerável na área de estudo. A zona mais vulnerável à poluição é identificada como a parte sul do aquífero, o que se correlaciona com o mapa de vulnerabilidade das águas subterrâneas e os resultados podem ser utilizados para mitigar a possível contaminação da água.

Khan et al. (2014) tentaram uma abordagem integrada para avaliar a vulnerabilidade do aquífero com a ajuda de SIG e conjuntos aproximados para o aquífero aluvial da bacia hidrográfica do baixo Kali em Uttar Pradesh, Índia. É utilizado um modelo DRASTIC modificado para esta área de estudo porque se trata de uma planície plana, a camada do mapa topográfico é removida do modelo e apenas seis camadas são utilizadas para calcular o mapa final do índice de vulnerabilidade. Algumas áreas são identificadas como zonas altamente vulneráveis e o resultado tem um maior grau de exatidão devido à combinação de conjuntos aproximados e SIG para calcular o índice de vulnerabilidade.

Porcel et al. (2014) utilizaram o modelo DRASTIC para preparar o mapa de vulnerabilidade da bacia do rio Pablilo e validaram o resultado com o impacto do uso do solo e a concentração de nitrato. Os resultados deste estudo mostram que a profundidade do lençol freático é o parâmetro mais significativo para avaliar a vulnerabilidade, porque é a variável altamente dinâmica em relação ao tempo. Para retificar o mapa de vulnerabilidade DRASTIC, a utilização do solo provou ser um parâmetro eficaz, podendo também ser facilmente misturado com as outras camadas durante o cálculo do índice DRASTIC final.

Sinha et al. (2016) utilizaram um modelo DRASTI-LU modificado para avaliar a vulnerabilidade da bacia de Kharun, utilizando o mapa de utilização dos solos em vez da camada do mapa de condutividade hidráulica, e o resultado mostra que a área de 27 km^2 se encontra na zona de elevada vulnerabilidade identificada no mapa final do índice de vulnerabilidade. O teste de análise de sensibilidade revela que as camadas de topografia, utilização do solo e profundidade do lençol freático têm maior influência no índice de vulnerabilidade do que as restantes camadas de dados. O resultado final mostra uma boa correlação com a concentração de nitratos, o que valida o resultado.

CAPÍTULO 3

Área de estudo de caso

Geograficamente, a cidade de Raipur está situada a 21,25 graus de latitude norte e 81,63 graus de longitude leste, com uma altura de cerca de 298 metros acima do nível médio do mar. Está distribuída por uma área de 226 quilómetros quadrados nas planícies férteis e situa-se no centro da região de Chhattisgarh. O distrito de Raiur é composto por 13 Tehsils, 15 Blocks e 2199 aldeias. A parte sudeste do vale superior do Mahanadi é ocupada pelo distrito de Raipur e o sul e o leste são ocupados pelas colinas limítrofes. 1330 mm é a precipitação média anual (CGWB, 2009). A cidade de Raipur tem uma topografia plana com alguns locais elevados de terreno com uma inclinação geral para noroeste. A elevação geral tem declives radiais com uma variação de 280 m a 300 m. A área geográfica total da zona de estudo é de 739 km2. Existe uma grande variação aérea nos solos do distrito de Raipur. "Bhata" é o nome da área coberta pelos solos residuais de cor vermelha e estes são derivados de xistos e pedras de areia. Kanhar" é o nome local do solo de cor preta. Existem também solos argilosos arenosos amarelos conhecidos localmente como "Matasi" e "Dorsa" (CGWB, 2009).

3.1 Localização

Raipur e Naya Raipur situam-se nos blocos de Dharsiwa e Aarang do distrito de Raipur, no estado de Chhattisgarh, na Índia (Figura 3-1). Para digitalizar os limites da área de estudo, foram utilizadas as folhas de mapa topográfico do Survey of India n.º 64G11, 64G12, 64G15 e 64G16. Raipur situa-se entre 21° 13' N e 20° 21' N de latitude e 81° 32' E e 81° 43'E de longitude, com uma elevação de 304,8m. É o maior centro urbano da região de Chhattisgarh e foi o segundo centro comercial importante, a seguir a Indore, quando fazia parte do antigo Estado de Madhya Pradesh (plano de desenvolvimento de Raipur, 2001). Raipur é um importante destino regional, comercial e industrial para as indústrias do aço, da eletricidade, do carvão e do alumínio.

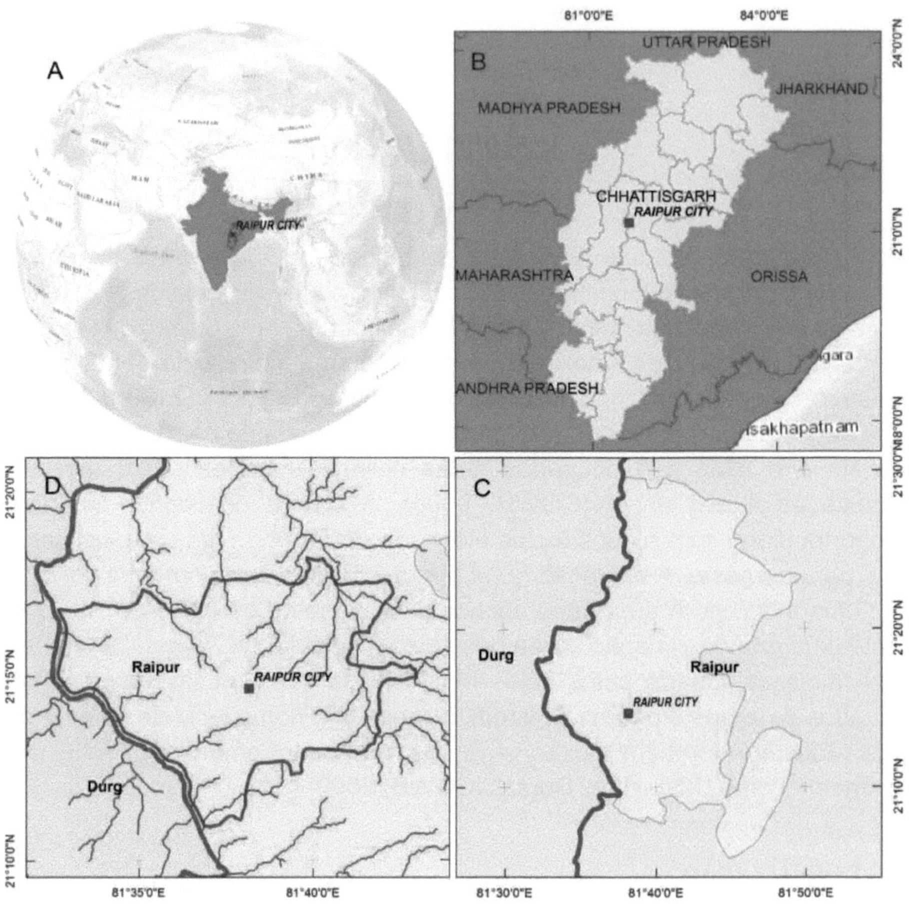

Figura 3-1: Mapa de Raipur e Naya Raipur

3.2 Fisiografia

A cidade possui um grande número de lagos. A distância do mar e a altitude do local desempenham um papel vital na determinação do clima do local. A cidade tem um clima tropical húmido e seco. No verão é muito quente e sopram ventos secos e no inverno a temperatura desce para valores muito baixos. O declive da zona determina a rede de drenagem. Raipur é drenada pelo Mahandi e pelos seus afluentes. O rio Mahanadi corre na direção nordeste através do distrito. Jonk, Llilar, Seonath, Tel, Lath, Pairi e Sukha são os principais afluentes do rio Mahanadi. Os depósitos de aluvião encontram-se ao longo das planícies de inundação, estendendo-se por cerca de 2 km de cada lado. A sua espessura é de 10 a 20 m ao longo do rio Kharun. Os aquíferos encontrados na nossa área de estudo são porosos e permeáveis por natureza. Estes são formados por uma parte da formação que sofreu intempéries e fracturas. Os aquíferos da área que fornecem água subterrânea são confinados e semi-confinados por natureza (CGWB, 2009).

A área total deste estudo é de 739,4 km^2 , abrangendo a região urbanizada, a região industrial e as terras agrícolas dos blocos de Dharsiwa e Aarang. O clima de Raipur é quente e a temperatura máxima média em maio atinge os 46,4°C. A humidade relativa é geralmente superior a 75% e a precipitação anual normal da região é de 1238 mm. A maior parte da precipitação em Raipur é devida à monção do sudoeste. O número médio de dias de chuva é de 61. A precipitação excessiva durante a monção, ou seja, de junho a agosto, provoca inundações frequentes nos rios e canais, que inundam as zonas baixas.

A área de estudo é fértil e os principais ingredientes do solo são argila, areia e silte. A inclinação normal do terreno é na direção norte. A cidade é abastecida pelo rio Kharun, um afluente do Mahanadi.

3.3 Geologia e hidrogeologia

Dois tipos de formações geológicas são encontradas no distrito e variam de Aachean a recente em idade. Granito, filito, xisto e gnaisse de granito são as rochas cristalinas encontradas na maior parte do distrito. A base cristalina é coberta por sequências de arenito, xisto e calcário e ocupa as partes central e norte de Raipur.

Os aquíferos consistem em formações e juntas porosas, cavernosas, fracturadas e permeáveis. O número total de 53 poços de observação do distrito está dividido da seguinte forma

Número de poços escavados - 40,

Número de piezómetros-13.

Monitorizam a qualidade da água uma vez por ano e os níveis de água quatro vezes por ano. A flutuação observada no WL com uma média de 2 a 5 mbgl.

O rendimento obtido nos poços perfurados varia de 0,5 a 15 lps. No complexo Granito o rendimento dos poços varia entre insignificante e 10 lps. A transmissividade medida varia entre 4 e 493 m2 / dia e a estabilidade varia entre 0,003 e 0,0000224.

Tabela 3-1: Informação geológica da área de estudo

Age	Group			Lithology
Quaternary	Alluvium/Colluvium			
	Laterite			
Middle Proterozoic	Chhattisgarh Super Group	Raipur Group	Tarenga	Shale & Dolomite
			Chandi / Bamandihi	Limestone & Shale
			Gunderdihi	Shale
			Charmuria	Limestone & Shale
		Chandrapur Group		Sandstone, Siltstone, Shale & Conglomerate
Lower Protorozoic	Dongargarh group			Granite

Fonte: CGWB NCCR Region, Raipur "State Report Hydrogeology of Chhattisgarh" (Relatório do Estado Hidrogeológico de Chhattisgarh)

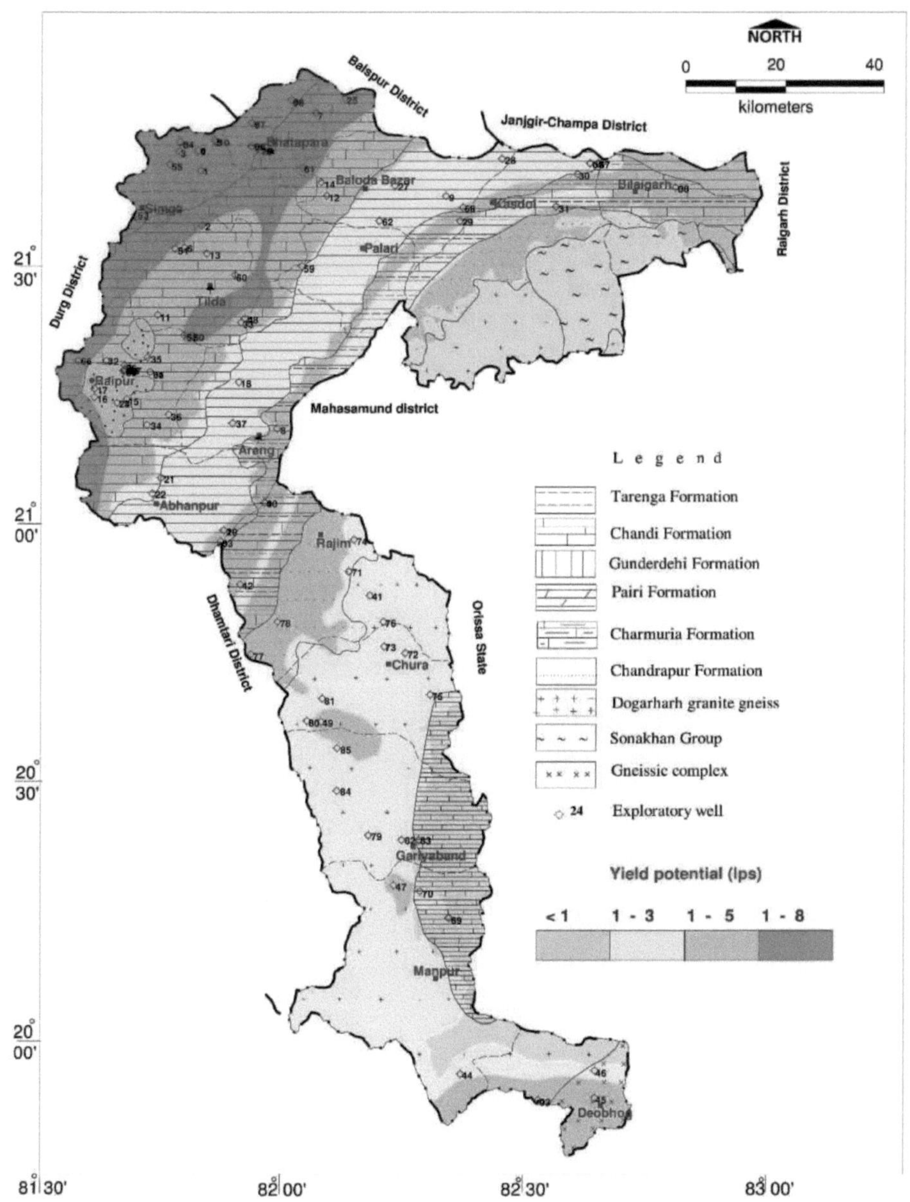

Figura 3-2: Mapa de caraterização hidrogeológica da área de Raipur

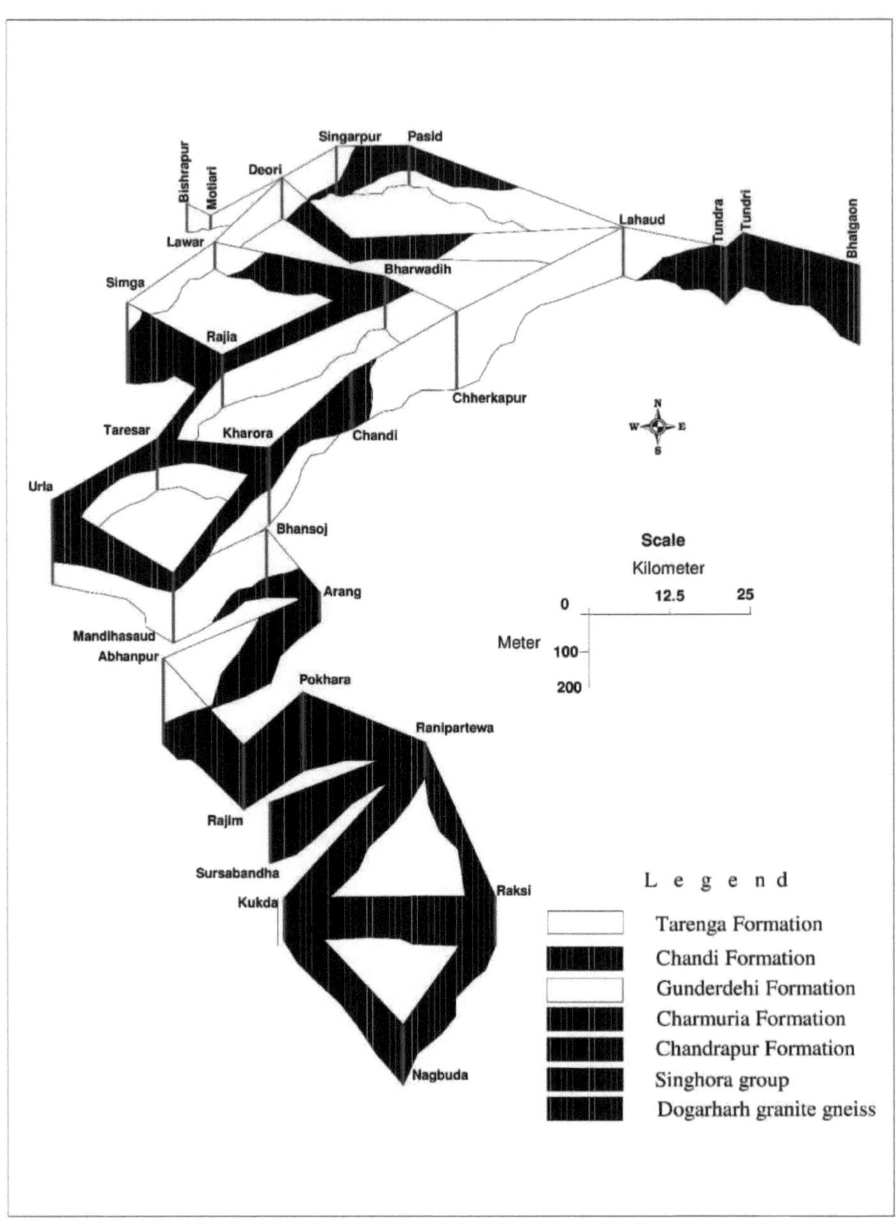

Figura 3-3: Diagrama de vedação do distrito de Raipur

3.4 Recolha de dados

Os modelos de vulnerabilidade GW requerem sete camadas de dados diferentes para calcular o índice de vulnerabilidade de uma área. Os dados relativos à profundidade do lençol freático e à recarga líquida foram obtidos no gabinete do Geohidrologista, Departamento de Recursos Hídricos, Raipur, e a partir de uma pesquisa bibliográfica. Os valores da recarga líquida foram avaliados pelo método de flutuação do lençol freático sugerido pela recomendação CGWB GEC 97. Os dados sobre os meios aquíferos e o impacto da zona vadosa foram obtidos a partir do mapa de recursos distritais e do mapa de aquíferos fornecidos pelo Conselho de Ciência e Tecnologia de Chhattisgarh, Raipur, e de fontes em linha. Estes mapas estão disponíveis em formato digital à escala de 1:50.000. O mapa do solo foi obtido a partir do mapa de planeamento distrital fornecido pelo Chhattisgarh Council of Science and Technology, Raipur. Este mapa está disponível em formato digital à escala de 1:2,50,000. Os dados topográficos foram preparados através do modelo digital de elevação (DEM) disponível no BHUVAN com uma resolução de 30m. O tamanho da célula de cada camada de dados é mantido em 30m porque o DEM está disponível com uma resolução de 30m para que a operação de sobreposição possa ser efectuada com precisão. A condutividade hidráulica é calculada a partir de dados de rendimento específico disponíveis para uma área diferente no manual CGWB GEC 97. Todos estes dados foram digitalizados e depois convertidos num ficheiro raster para análise posterior.

3.4.1 Características dos aquíferos

A ocorrência de águas subterrâneas e os seus momentos no aquífero na área da bacia são influenciados pela localização, fisiografia, geologia, vegetação, grau de meteorização, influência de estruturas como falhas, zonas de cisalhamento, etc. As características hidrológicas na bacia de Mahanadi em Chhattisgarh podem ser classificadas de acordo com as características geológicas da rocha subjacente. Geologicamente, Chhattisgarh pode ser dividido em sectores constituídos por diversos tipos de rochas, como granitos, gnaisses, metamórficos, xistos, arenitos, calcários, quartzitos, etc.

3.4.2 Características do solo

A parte superior da área de estudo é constituída por solos de cor clara e as áreas adjacentes aos vales dos rios têm solos suaves e férteis. Na área de estudo encontram-se quatro tipos principais de solo, nomeadamente Bhata (Entisols - Sandy loam), Matasi (Inceptisols - Sandy clay loam), Dorsa (Alfisols - Loam) e Kanhar

(Vertisols - argila). Kanhar encontra-se na parte mais baixa da sequência topográfica e é de cor negra, sendo ideal para o cultivo de culturas. Dorsa e Matasi (solos intermédios) são adequados para o cultivo de arroz e Bhata (terras altas) para Kodo, Kulthi, milho e Kutki. A zona em torno do rio Kharun é muito fértil. Os solos argilosos vermelhos e amarelos, ou seja, os inceptisols - localmente designados por Matasi (com baixo teor de azoto e húmus) são dominantes nos distritos de Durg e Raipur.

3.4.3 Factores de controlo

A água subterrânea faz parte do ciclo hidrológico e forma um sistema dinâmico. Surge com o processo de infiltração à superfície. Depois, percola no solo, que é composto por diferentes formações rochosas com diferentes propriedades hidrogeológicas. Num determinado local, a ocorrência de água subterrânea depende da capacidade de armazenamento e da taxa de transmissão. No entanto, as propriedades hidrogeológicas do aquífero desenvolvidas aquando da formação das rochas com a forma geométrica inicial que varia entre tabular, lenticular e cilíndrica sofrem diferentes alterações:

- As modificações estruturais e erosivas alteram a espessura e a continuidade lateral da maioria das principais unidades rochosas.
- A alteração hidrotermal, o metamorfismo de contacto, a digénese e os efeitos termo-mecânicos modificam as propriedades hidráulicas das rochas em diferentes graus a nível local, e
- A fracturação altera a permeabilidade ao longo das zonas de falha/fratura.

Estas alterações provocam variações significativas nas propriedades hidrogeológicas dentro do tipo de rocha, alterando assim as capacidades de armazenamento e transmissão da água subterrânea, tanto na horizontal como na vertical. O quadro em que a água subterrânea ocorre é tão variado como o dos tipos de rocha, tão intrincado como a sua deformação estrutural e história geomórfica, e tão complexo como o do equilíbrio entre os parâmetros litológicos, estruturais e geomórficos. Toda a coluna de subsuperfície actua como um quadro tridimensional de condutas/aquíferos de águas subterrâneas e barreiras/unidades de confinamento de águas subterrâneas. Finalmente, as perspectivas de água subterrânea na unidade dependem da disponibilidade de recarga que, por sua vez, depende das condições hidrológicas prevalecentes. Assim, o regime de águas subterrâneas pode ser definido como uma combinação de três factores, ou seja, 1) litologia, 2) estrutura e 3) condições de recarga. As combinações possíveis de variedade e complexidade são virtualmente infinitas e as condições das águas subterrâneas num determinado local são únicas.

CAPÍTULO 4

Aplicação do SIG na avaliação da
vulnerabilidade

Neste capítulo, foi descrita a metodologia de avaliação da vulnerabilidade utilizando o DRASTIC e o SINTACS e discutida a sua aplicabilidade no terreno.

4.1 Introdução

Em termos gerais, a "vulnerabilidade" é a probabilidade de um sistema humano ou ambiental compreender os danos devido à ansiedade e pode ser reconhecida para um sistema, perigo ou grupo de perigos predefinidos (Popescu et al., 2008). Numa ligação hidrogeológica, o sistema ambiental é essencialmente o aquífero ou uma posição específica no aquífero e o risco são os poluentes, que se apresentam desde a fase inicial. Assim, a "vulnerabilidade" retrata a vulnerabilidade das águas subterrâneas à poluição. Este termo foi inicialmente especificado por Margat (1968). Nos anos 80, a ideia de vulnerabilidade das águas subterrâneas tornou-se mais popular e surgiu a necessidade de uma compreensão fiável da ideia (Foster, 1998). Foram criadas algumas definições com um sentido comparável. Por exemplo, a vulnerabilidade das águas subterrâneas é utilizada para designar as características intrínsecas que determinam a afetação de diferentes porções de um aquífero à influência desfavorável de um poluente forçado (Foster, 1987). Mais tarde, o National Research Council (1993) caracterizou a vulnerabilidade como 'a inclinação ou probabilidade de os poluentes atingirem uma posição predefinida no sistema de águas subterrâneas após a sua introdução numa determinada área do aquífero mais elevado' (Focazio et al., 2002). Até à data, não existe uma definição única e padronizada para a vulnerabilidade das águas subterrâneas (Liggett et al., 2009). No entanto, estudos mostram que a ideia de vulnerabilidade das águas subterrâneas tem sido decifrada de forma semelhante pela grande maioria dos hidrogeólogos. Em termos básicos, uma vulnerabilidade elevada infere uma baixa capacidade de defesa comum do material sobrejacente ao aquífero, desta forma, um

32

elevado transporte de contaminação para as águas subterrâneas (Sinreich, 2009).

Nos subcapítulos anexos são apresentados três tipos de modelos distintos para avaliar a vulnerabilidade de várias metodologias e níveis de complexidade.

4.1.1 Modelo baseado em processos

Estes modelos têm em conta os enormes procedimentos à microescala da água e dos poluentes entre a fonte e o alvo e são fundamentalmente aplicáveis tanto à vulnerabilidade específica como à vulnerabilidade intrínseca. As condições químicas e físicas cruciais para o fluxo de água e o transporte de solutos são utilizadas como parte dos modelos determinísticos. Um programa de modelação por computador utilizado na maioria das vezes é o MODFLOW, que pode avaliar a vulnerabilidade intrínseca através da compreensão das condições representativas do fluxo de águas subterrâneas. (Lindstrom, 2005; Focazio et al., 2002). Isto exige a descoberta de tempos de deslocação, concentrações ou perseverança de contaminantes. Para obter essa informação, é necessária uma investigação detalhada no local e activos significativos. Do mesmo modo, estas técnicas são mais adequadas para fontes únicas (por exemplo, poços) (Liggett et al., 2009) e regiões-modelo para um exame essencial (Qamhieh, 2006).

4.1.2 Modelo estatístico

Nas técnicas estatísticas, a vulnerabilidade das águas subterrâneas é retratada como a probabilidade de contaminação de um soluto em particular (Lindstrom, 2005), sendo, por conseguinte, aplicável apenas para avaliar a vulnerabilidade específica. As técnicas vão desde a estatística ilustrativa simples até à análise de regressão, utilizando, na sua maioria, informações sobre a qualidade das águas subterrâneas de um soluto selecionado, juntamente com componentes delineados, que podem ter impacto na concentração deliberada do soluto no aquífero. Estes componentes retratam fontes potenciais do soluto (por exemplo, agricultura) ou a relativa simplicidade de alcançar a posição no aquífero onde a amostra é recolhida (por exemplo, propriedades da zona não saturada) (Tesoriero e Inkpen, 1998). A decisão sobre estas variáveis depende da sua essencialidade para o contaminante e para a área de estudo em particular. Uma vez produzido um modelo estatístico, este é inaplicável a distritos com várias condições ecológicas, o que poderá ser a razão pela qual raramente são utilizados para avaliar a vulnerabilidade (Lindstrom, 2005). Quando aplicados, são de alguma forma utilizados para zonas com fontes difusas de contaminação (Liggett e Talwar, 2009).

4.1.3 Método baseado em índices

Os modelos de índice, também designados por modelos de sobreposição ou paramétricos, utilizam pontuações que são subjetivamente atribuídas a determinados parâmetros naturais (por exemplo, topografia, meio aquífero, meio do solo, etc.). A pontuação baseia-se na capacidade dos parâmetros para evitar a contaminação das águas subterrâneas. Uma vez que as propriedades dos parâmetros geralmente diferem espacialmente, os valores são melhor apresentados em mapas. Os mapas individuais são depois consolidados por expansão básica (geralmente através de sistemas de informação geográfica) para criar um mapa de vulnerabilidade das águas subterrâneas (Gogu e Dassargues, 2000). Como as pontuações não consideram o tipo de poluente, os modelos de índice estão fundamentalmente ligados apenas à vulnerabilidade intrínseca e não específica. Ao contrário dos modelos baseados em processos, o último resultado é relativo e subjetivo porque as pontuações são atribuídas empiricamente (Lindstrom, 2005). Normalmente, o mapa resultante é classificado em intervalos de tipicamente cinco níveis de vulnerabilidade (alto-baixo). A simplicidade de compreensão faz com que estas estratégias sejam extremamente conhecidas e, consequentemente, amplamente utilizadas pelos decisores dos recursos hídricos (Focazio et al., 2002). Além disso, são razoáveis para utilizar e trabalhar com informação, que é geralmente de acesso rápido (Liggett e Talwar, 2009). No entanto, o ajustamento do modelo deve ser conduzido de forma deliberada para minimizar as instabilidades dos pressupostos do modelo, a decisão do modelo, a informação e as aproximações numéricas. Por conseguinte, o esboço da metodologia deve ser direcionado com desejos sensatos de informação e execução do modelo (Focazio et al., 2002).

Quadro 4-1: Pormenores dos atributos espaciais utilizados numa série de abordagens diferentes para a avaliação da vulnerabilidade do GW à poluição (Barber et al., 1993)

Special Attributes	Empirical						Deterministic		Stochastic tic/ Deterministic	Stochastic
	Drastic (Aller er al 1987)	GOD (Foster 1987)	NRA (1990)	ORE GON DEQ 1991	HOLLAND (Breeuwana & van Duijvenboo den 1987)	BELGIUM (DESmedt 1987)	LPI(Meeks & Dean 1990)	DAKOTA (Lemme et al 1990)	VULPEST (Villeneuv e et al 1990)	CALIF ORNIA (Teao 1988)
Meteorological										
Rainfall				X			X			
Evapotranspiration	X						X			
Recharge										
Land Surface										
Topography Slope	X									
Soil Layer Soil										
Type Thickness										
Soil organic	X				X			X		X
matter										
Vadose Zone										
Media type	X	X	X	X	X	X				
Depth to	X	X		X	X	X	X	X		
groundwater					X		X	X		
Percolation rae							X			
Field capacity					X		X			
Class content					X					
Organic matter										
content					X					
Bulk density										
Cation EC										
Saturated Zone										
Aquifer type	X	X	X				X			
(media)			X	X						
Aquifer type									X	
(use)										
HC										
HG										
Pollutant										
specific							X			
Adsorption							X		X	
coefficient							X			
Retardaton							X		X	
coefficient										
Solubility										
Decay rate										
Octanol/water										
part coeffic										

Desde o final dos anos 80 até aos dias de hoje, tem havido uma extraordinária variedade de melhorias nos modelos de índice para avaliar a vulnerabilidade das águas subterrâneas, em particular, SINTACS, GOD, ISIS, GLA, AVI, DRASTIC, EPIK, PI e muito mais (Neukum et al., 2008). Uma parte dos modelos é apresentada abaixo para delinear as suas disparidades em parâmetros seleccionados e pontuações atribuídas e para, finalmente, legitimar a determinação de um método.

4.1.3.1 ABL

Esta técnica de avaliação da vulnerabilidade das águas subterrâneas foi criada por um grupo de trabalho de agências estatais geológicas alemãs (Ger: Geologische Landesamter (GLA)) e, por isso, é também designada por Método Alemão. O pressuposto principal é que os procedimentos de atenuação aumentam com um tempo de permanência mais longo da água de infiltração nos estratos sobrejacentes do aquífero. Este tempo de permanência é ditado por três variáveis primárias: A proporção de água de infiltração, a espessura dos estratos sobrejacentes do aquífero e a sua penetrabilidade. Neste caso, a capacidade defensiva do solo (0 - 1 metro abaixo do nível do solo) e as das camadas simples da zona não saturada (> 1 mbgl - superfície da água subterrânea) são respeitadas independentemente (Quadro 4-1) (Holting et al., 1995).

Quadro 4-2: Cálculo e parâmetro da função de proteção pelo método GLA

Equation	Parameter	Score
$S_1 = B * W$ *Protective function of soil*	B: effective field capacity W: seepage water ratio	10-750 0,5-1,75
$S_2 = (\sum G_L * M_i + \sum G_F * M_j) * W$ *Protective function of unsaturated zone*	G_L: unconsolidated rocks G_F: consolidated rocks M: thickness of each layer W: seepage water ratio	5-500 5-500 0,5-1,75
$S_g = S_1 + S_2 + Q + D$ *Total protective function*	Q: if perched aquifer D: if artesian pressured	1500 500

Um valor elevado mostra a baixa penetrabilidade do material (B, GL, GF), pouca água de infiltração (W) ou a espessura dos estratos sobrejacentes (M). Isto leva a tempos de permanência mais longos da água de infiltração, portanto a capacidades de defesa mais elevadas e, finalmente, a uma menor vulnerabilidade das águas subterrâneas. A marca registada desta estratégia é a consideração de camadas únicas com a sua espessura, enquanto o impacto das propriedades do aquífero e o declive da superfície são ignorados.

4.1.3.2 DEUS

GOD (Foster, 1987) é uma das estratégias mais estabelecidas e menos complexas para avaliar a vulnerabilidade intrínseca. É aceite que tanto a inacessibilidade hidráulica do aquífero como o limite de construção de contaminantes da zona não saturada sobrejacente são as variáveis características mais vitais para a proteção do aquífero. Como estes elementos não são especificamente quantificáveis e dependem de alguns outros atributos hidrogeológicos, três parâmetros acessíveis menos exigentes referem-se a estes dois elementos e descrevem a vulnerabilidade (Tab. 3 4-2) (Foster et al., 2002). Ao contrário da ABL, valores mais elevados indicam uma maior vulnerabilidade. Pequenas variações nas pontuações e a utilização de apenas três parâmetros resultam numa elevada importância de cada parâmetro e requerem uma avaliação exacta. Frequentemente, a técnica GOD é utilizada para territórios substanciais como parte da gestão do uso do solo e é razoável para áreas com maiores diferenças na vulnerabilidade das águas subterrâneas (Gogu et al., 2000).

Quadro 4-3: Parâmetro, categorias e pontuações atribuídas ao método GOD.

Parameter	Description / Categorization	Scores
Groundwater confinement	None; overflowing; confined; semi confined; unconfined	0,0 - 1,0
Overlying layers	Lithological character and degree of consolidation	0,4 - 1,0
Depth to Groundwater	>50m ; 20-50m ; 5-20m <5m	0,6 - 1,0
GOD Vulnerability Index	Product of G, O and D Categorized in five vulnerability classes	0,0 - 1,0 (negligible-extreme)

4.1.3.1 AVI

O Índice de Vulnerabilidade do Aquífero é calculado com base em dois parâmetros físicos: (1) condutividade hidráulica vertical e (2) espessura dos estratos sobrejacentes do aquífero (Van Stempvoort et al., 1993). A proporção destas duas variáveis é representada como a resistência hidráulica, que fornece uma avaliação rigorosa do tempo de deslocação vertical da água de infiltração da superfície para o aquífero (Quadro 4-3) (Grupo de Trabalho BurVal, 2006). Esta estimativa do tempo de deslocação está especificamente ligada ao índice de vulnerabilidade por uma escala logarítmica (Quadro 4-4) (Van Stempvoort et al., 1993). No entanto, a estratégia AVI não tem em conta algumas variáveis, como o gradiente hidráulico, a porosidade ou a propagação horizontal de contaminantes e o clima (Dunne, 2004).

Tabela 4-4: Expressão da resistência hidráulica no método AVI.

Function	Parameter
$c = \sum (d_i / K_i)$	C: hydraulic resistance [years] d_i: thickness of each layer [m] K_i: vertical hydraulic conductivity of each layer [m/year]

Quadro 4-5: Atribuição de cinco classes de vulnerabilidade no método AVI

Hydraulic Resistance (c)	log (c)	Vulnerability (AVI)
0 to 10 y	< 1	Extremely high
10 to 100 y	1 to 2	High
100 to 1000 y	2 to 3	Moderate
1000 to 10000 y	3 to 4	Low
> 10000 y	> 4	Extremely low

4.1.3.4 DRÁSTICA

O DRASTIC foi desenvolvido para a Agência de Proteção Natural dos Estados Unidos por Aller et al. (1987) a partir da Associação Nacional de Poços de Água como um quadro institucionalizado para avaliar a vulnerabilidade intrínseca das águas subterrâneas (Nobre et al., 2007). Os parâmetros, pesos e classificações decididos para o modelo emergem de investigações de campo de 15 configurações hidrogeológicas diversas dentro dos Estados Unidos, portanto, pretende-se que seja pertinente para qualquer condição natural (Aller et al., 1987). Para avaliar a vulnerabilidade, é considerado um número igualmente extraordinário de sete parâmetros: (1) Profundidade do lençol freático, (2) Recarga líquida, (3) Meio aquífero, (4) Meio do solo, (5) Topografia, (6) Impacto da zona vadosa, (7) Condutividade hidráulica do aquífero. Às propriedades físicas de cada parâmetro são atribuídas classificações que vão de 1 (baixa) a 10 (alta vulnerabilidade), cada uma delas acrescida de uma determinada variável de ponderação (1 - 5). Os valores para o elemento de ponderação são propostos por Aller et al. (1987), no entanto, as ponderações foram ajustadas por alguns estudos devido à importância local dos parâmetros. Uma mistura das camadas individuais resulta num mapa que demonstra a transmissão espacial das pontuações, que são apresentadas em cinco classes de vulnerabilidade (Figura 4-1).

O modelo foi alvo de críticas em algumas perspectivas, como por exemplo a ausência de validação (Nobre et al., 2007), a utilização de um número excessivo de componentes que sufocam os vitais (Merchant, 1994), a ausência de estudos quantitativos para a escolha dos parâmetros (Garrett et al., 1989) ou o facto de alguns parâmetros se ligarem de forma excessivamente sólida, apresentando a mesma expressão (Foster et al., 2002). No entanto, devido a apropriações cruciais e à proposição de actualizações no modelo (Panagopoulos et al., 2006), este continua a ser popular e amplamente utilizado entre hidrogeólogos e decisores hídricos. Essas alterações incluem a expansão e expulsão de parâmetros individuais ou a atribuição de classificações e pesos distintos, respetivamente (Bai et al., 2012).

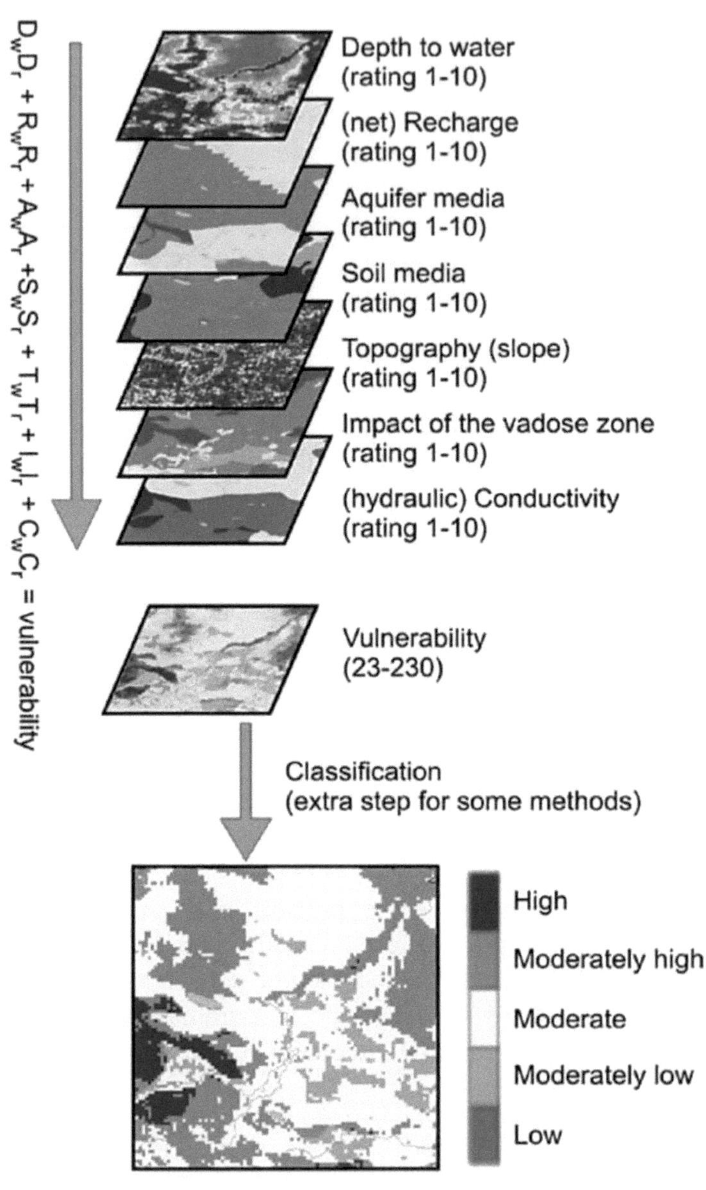

Figura 4-1: Pormenores do modelo DRASTIC

4.1.3.5 SINTACS

O SINTACS, criado por Civita (1994), é um modelo italiano de índice para avaliar a vulnerabilidade das águas subterrâneas. Depende do DRASTIC ajustado às condições mediterrânicas (Al Kuisi et al., 2006). O acrónimo SINTACS continua a ser a expressão italiana dos mesmos sete parâmetros utilizados como parte do DRASTIC: (1) Profundidade do lençol freático, (2) Recarga líquida, (3) Impacto da zona vadosa, (4) Meio do solo, (5) Meio do aquífero, (6) Condutividade hidráulica, (7) Topografia (Civita e De maio, 2004). Uma distinção primária do DRASTIC é a determinação dos valores de ponderação através de cinco situações hidrogeológicas (Tabela 4-5).

Tabela 4-6: Diferentes cenários hidrogeológicos para ponderação dos parâmetros SINTACS (Al Kuisi et al., 2006).

Parameter	I Normal	I Relevant	Drainage	Karst	Fissuring
S	5	5	4	2	3
I	4	5	4	5	3
N	5	4	4	1	3
T	4	5	2	3	4
A	3	3	5	5	4
C	3	2	5	5	5
S	2	2	2	5	4

Estas situações podem igualmente variar dentro da área de estudo, pelo que podem ser atribuídos pesos diversos em função das condições locais (Napolitano e Fabbri, 1996). Para alguns parâmetros do SINTACS, existem igualmente contrastes na atribuição das classificações.

Por exemplo, o parâmetro para a recarga das águas subterrâneas considera o impacto de enfraquecimento com classificações de vulnerabilidade decrescentes a partir de > 300 mm/ano, enquanto no DRASTIC a vulnerabilidade é continuamente classificada como 9 a partir de > 250 mm/ano. O modelo SINTACS é bem aceite, uma vez que as classificações de vulnerabilidade para os sete parâmetros são obtidas a partir de algumas centenas de locais de teste italianos (Sappa e Vitale, 2001).

Tabela 4-7: Pontuação da vulnerabilidade do fator de recarga das águas subterrâneas no método SINTACS.

Recharge [mm/a]	0-50	50-100	100-175	175-250	>250
Score	1	3	6	8	9

4.2 Modelo DRASTIC

O modelo DRASTIC é utilizado como parte de numerosas nações com base no facto de que os dados de entrada necessários para a sua aplicação são prontamente acessíveis ou podem, sem grande esforço, ser obtidos de diferentes organizações governamentais. O modelo DRASTIC é utilizado para decidir a zona vulnerável à contaminação das águas subterrâneas por movimentos antropogénicos, utilizando o ambiente GIS. Numerosos especialistas e investigadores efectuaram a avaliação da vulnerabilidade das águas subterrâneas tendo em conta a ideia acima referida. Secunda et al. (1998) utilizaram o modelo DRASTIC para a avaliação da vulnerabilidade das águas subterrâneas em Israel. O sistema utilizou informação considerável sobre a utilização de terrenos agrícolas e pretende descrever com exatidão a vulnerabilidade dos aquíferos. Al-Adamat et al. (2003) criaram igualmente mapas de vulnerabilidade e risco das águas subterrâneas para a bacia do Azraq utilizando o modelo DRASTIC com a ajuda de deteção remota e SIG. Espera-se que estes mapas descubram regiões com potencial básico de vulnerabilidade das águas subterrâneas devido às suas condições hidrogeológicas e impactos humanos. Lowe e Butler (2003) utilizaram esta técnica na informação atual para criar mapas de vulnerabilidade e afetação de pesticidas utilizando técnicas de SIG para os EUA. O estudo demonstra que, devido à utilização de pesticidas à superfície nos terrenos agrícolas, o lençol freático mais próximo tinha um potencial de contaminação mais elevado. Babiker et al. (2005) também utilizaram um modelo DRASTIC para avaliar a vulnerabilidade. Os parâmetros utilizados como parte do seu trabalho para criar o mapa de vulnerabilidade são a condutividade hidráulica, o impacto da zona vadosa, a topografia, o meio aquífero, o meio do solo, a recarga líquida e a profundidade do lençol freático, tendo a recarga líquida demonstrado o maior efeito na vulnerabilidade do aquífero. O mapa de vulnerabilidade coordenado apresenta um risco elevado na faixa de desenvolvimento vegetal. Além disso, Dixon (2005) criou mapas comparativos de vulnerabilidade das águas subterrâneas utilizando o modelo DRASTIC, juntamente com a utilização de três parâmetros recentemente criados: dados sobre a estrutura do solo, pesticidas e utilização do solo. O mapa de sensibilidade/vulnerabilidade das águas subterrâneas foi produzido utilizando técnicas de deteção remota, SIG, GPS e técnicas baseadas em regras difusas. "O modelo DRASTIC depende da definição hidrogeológica de 7 parâmetros, comparando com sete camadas a serem utilizadas como parâmetros de informação para visualização, para os quais são fornecidos dados essenciais de diferentes gabinetes semi-governamentais e governamentais a uma escala procurada. O acrónimo dos parâmetros DRASTIC é Depth to water table, Net Recharge, Aquifer media, Soil media, Topography (% slope), Impact of vadose zone, and hydraulic Conductivity. A cada um dos parâmetros hidrogeológicos acima mencionados é atribuída uma classificação de 1 a 10 com base na sua influência nas águas subterrâneas. O DRASTIC utilizou um sistema de pesos padrão dado por Aller em 1987. Ao parâmetro mais importante foi atribuído o peso 5, enquanto ao menos importante foi atribuído o peso 1". O índice DRASTIC é calculado a partir da equação mencionada abaixo:

$$\text{DRASTIC Index} = D_r.D_w + R_r.R_w + A_r.A_w + S_r.S_w + T_r.T_w + I_r.I_w + C_r.C_w$$

$$(4.1)$$

"Na equação (4.1) D_r, R_r, A_r, S_r, T_r, I_r, e C_r são as classificações, e D_w, R_w, A_w, S_w, T_w, I_w, e C_w são os pesos para todos os sete parâmetros Profundidade do lençol freático, Recarga líquida, Meio aquífero, Meio do solo, Topografia (% declive), Impacto da zona vadosa, e Condutividade hidráulica".

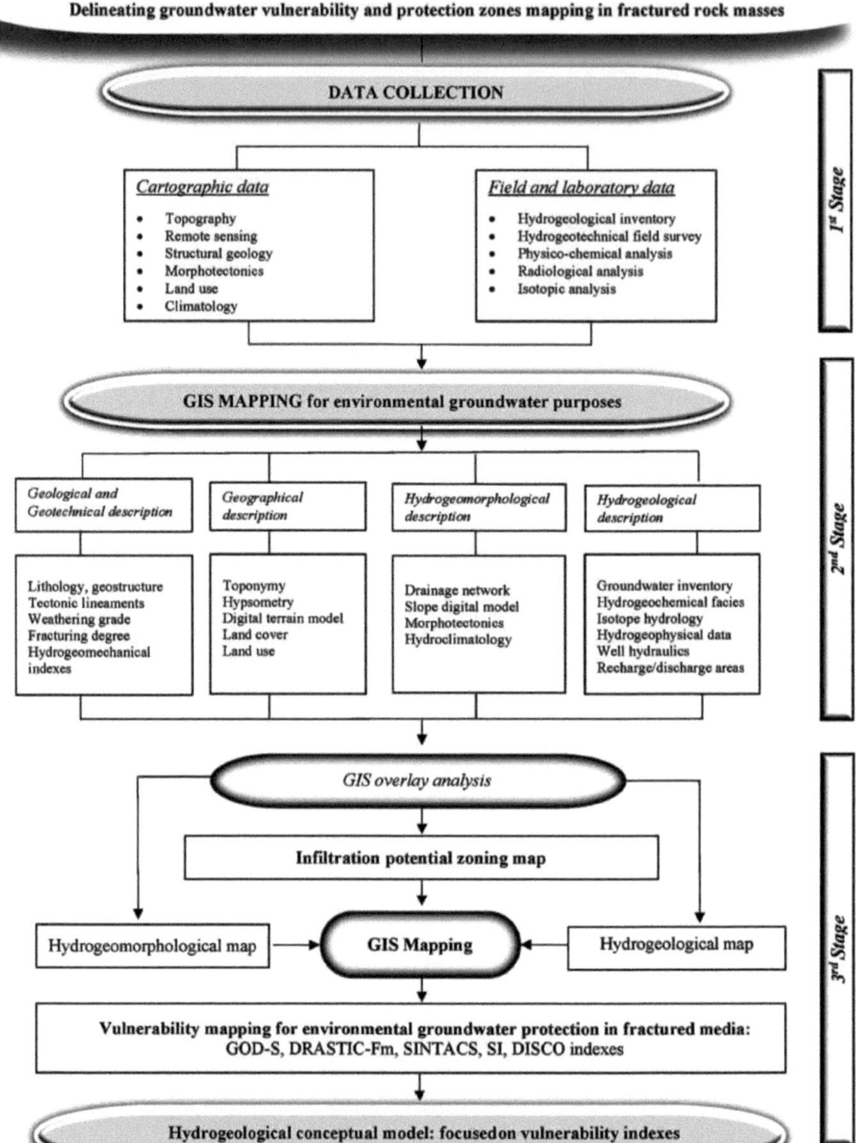

Figura 4-2: Fluxograma da avaliação dos modelos de vulnerabilidade das águas subterrâneas

Tabela 4-8: Pesos e classificações utilizados no modelo DRASTIC parâmetro

Depth to Groundwater Table (D)

Ranges (meters)	Rating
0 - 1.5	10
1.5 - 4.6	9
4.6 - 9.1	7
9.1 - 15.2	5
15.2 - 22.9	3
22.9 - 30.5	2
> 30.5 m	1

Recharge Rates (R)

Ranges (mm)	Rating
0 - 50.8	1
50.8 - 101.6	3
101.6 - 177.8	6
177.8 - 254	8
> 254 mm	9

Soil Media (S)

Ranges (classes)	Rating
* Thin or absent	10
* Gravel	10
* Sand	9
* Peat	8
* Shrinking and/or aggregated clay	7
* Sandy loam	6
* Loam	5
* Silty loam	4
* Clay loam	3
* Muck	2
* Non-shrinking and non-aggregated clay	1

Aquifer Media (A)

Ranges (classes)	Rating	Recommended
* Massive shale	1-3	2
* Metamorphic / igneueous	2-5	3
* Weathered metamorphic / igneous	3-5	4
* Galcial till	4-6	5
* Bedded sandstone, limestone, and shale sequences	5-9	6
* Massive sandstone	4-9	6
* Massice limestone	4-9	6
* Sand and gravel	4-9	8
* Basalt	2-10	9
* Karst limestone	9-10	10

Topography | Slope (T)

Ranges (slope in percent)	Rating
0 - 2	10
2 - 6	9
6 - 12	5
12 - 18	3
> 18 %	1

Hydraulic Conductivity

Ranges (m/sec)	Rating
4.72e-07 to 4.72e-05	1
4.72e-05 to 1.42e-04	2
1.42e-04 to 3.31e-04	4
3.31e-04 to 4.72e-04	6
4.72e-04 to 9.44e-04	8
> 9.44e-04	10

Impact of Vadose Zone (I)

Ranges (classes)	Rating	Recommended
* Confining layer	1	2
* Silt/clay	2-6	3
* Shale	2-5	4
* Limestone	2-7	5
* Sandstone	4-8	6
* Bedded limestone, sandstone & shale	4-8	6
* Sand and gravel with significant silt & clay	4-8	6
* Metamorphic/igneous	2-9	8
* Sand and gravel	6-9	9
* Basalt	2-10	
* Karst limestone	8-10	10

No entanto, este modelo tem sido utilizado em diferentes países e tem mostrado bons resultados quando comparado com os dados actuais sobre as águas subterrâneas e/ou com os resultados da análise de sensibilidade. O estudo da cidade de Aligarh efectuado por (Rahman, 2008) revela que mais de 80% da área total se encontra numa classe de vulnerabilidade moderada a elevada. Os resultados do índice de vulnerabilidade são bem comparados com os resultados da análise de sensibilidade para mostrar a eficácia de cada parâmetro.

O estudo sobre os aquíferos da bacia de Linfen na China por (Samake et al., 2011) revela a utilização do software ArcGIS para a sobreposição de todos os sete parâmetros, bem como a classificação de um índice de vulnerabilidade. Existem muitos outros exemplos em que a vulnerabilidade das águas subterrâneas foi mapeada em muitas regiões do mundo (Aljazzar, 2010). Por conseguinte, o mesmo modelo (DRASTIC) está a ser utilizado neste estudo para produzir um mapa de vulnerabilidade das águas subterrâneas para Raipur e Naya Raipur.

4.3 Modelo SINTACS

Embora existam vários sistemas e modelos disponíveis para determinar a poluição das águas subterrâneas e o índice de vulnerabilidade, o SINTACS é uma modificação ou, digamos, uma melhoria em relação ao modelo DRASTIC bem conhecido e mais utilizado. De entre estes modelos, o modelo SINTACS utilizado neste estudo foi desenvolvido por Civita (1990 b, 1993, 1994) e Civita & DeMaio (1997) para avaliar a vulnerabilidade relativa à poluição das águas subterrâneas através da atribuição de classificações e pesos relativos a cada configuração hidrogeológica.

O modelo SINTACS é um desenvolvimento do modelo DRASTIC dos Estados Unidos adaptado às condições mediterrânicas. O modelo SINTACS é preferido por diferentes considerações que incluem o seu baixo custo, dependendo dos conjuntos de dados disponíveis, e propriedades relativas, sem dimensão e não mensuráveis que dependem das características do aquífero. O modelo SINTACS é um grupo de modelos de sistema de contagem de pontos com todos os factores que têm não só a sua própria pontuação, mas também um peso adicional que é definido para aumentar ou diminuir a sua importância durante a análise, como pode ser visto na secção 4.1.3.5.

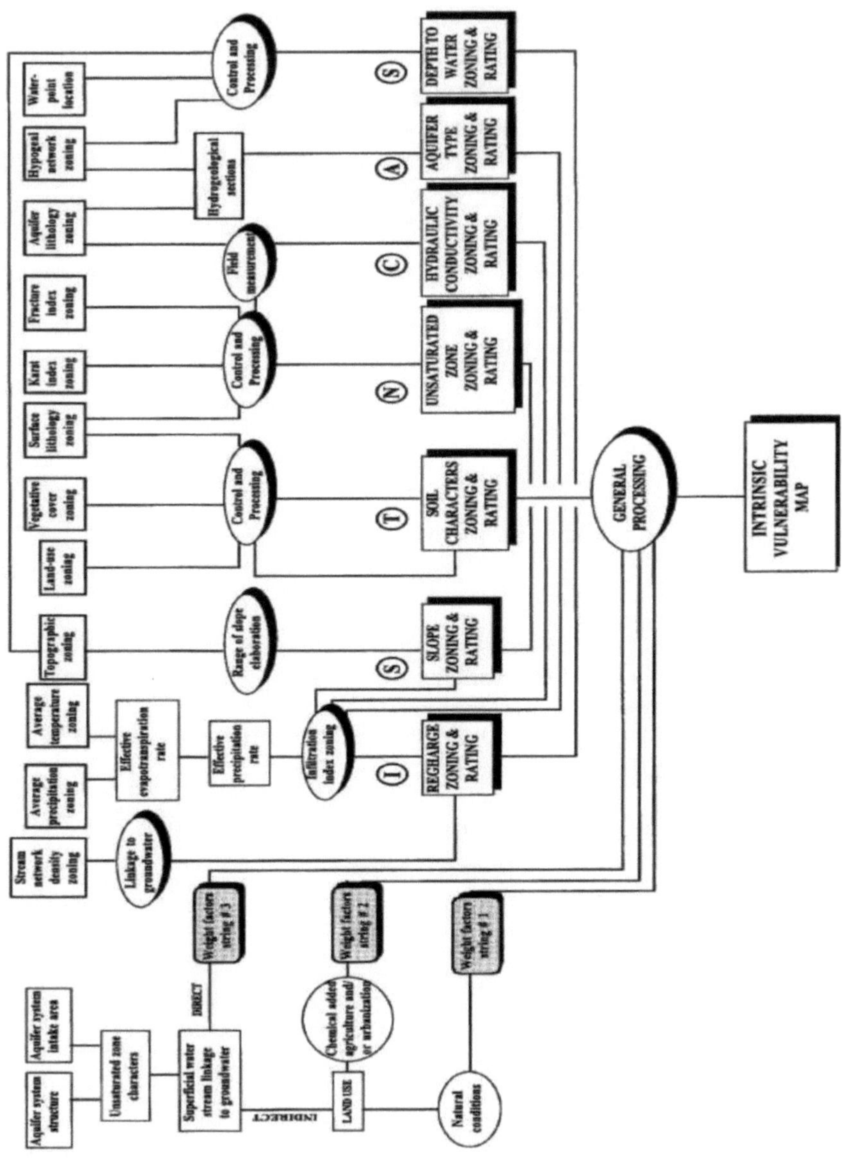

Figura 4-3: Fluxograma de avaliação dos modelos de GWV com parâmetros SINTACS (utilizado segundo Voudouris K. et al. 2012)

Os sete parâmetros são utilizados para definir a configuração hidrogeológica de qualquer área e são subdivididos em intervalos (ou) zonas. A cada zona foram atribuídas classificações diferentes numa escala de 1 a 10, com base no gráfico de classificação. A importância relativa de cada parâmetro para determinar a vulnerabilidade do aquífero é indicada por intervalos ou zonas. Os pesos na escala de 1 a 5 são atribuídos a cada um dos sete parâmetros. Em seguida, o cálculo do índice de vulnerabilidade SINTACS é efectuado utilizando a seguinte equação.

$$SIVI = \sum_{i=1}^{T} Pi * Wi$$

Onde,

Pi = classificações para sete parâmetros

Wi = peso relativo para cada parâmetro

A estes parâmetros é atribuída uma ponderação que depende também das condições ambientais e antropogénicas da zona.

De acordo com as condições ambientais e antropogénicas da zona, os pesos dos parâmetros são apresentados no Quadro 4-9.

Tabela 4-9: Cadeias de Pesos e Cenário Hidrogeológico no SINTACS (Civita e De maio 1997)

Parameter	Normal	Relevant	Drainage	Karst	Fissuring
S	5	5	4	2	3
I	4	5	4	5	3
N	5	4	4	1	3
T	4	5	2	3	4
A	3	3	5	5	4
C	3	2	5	5	5
S	2	2	2	5	4

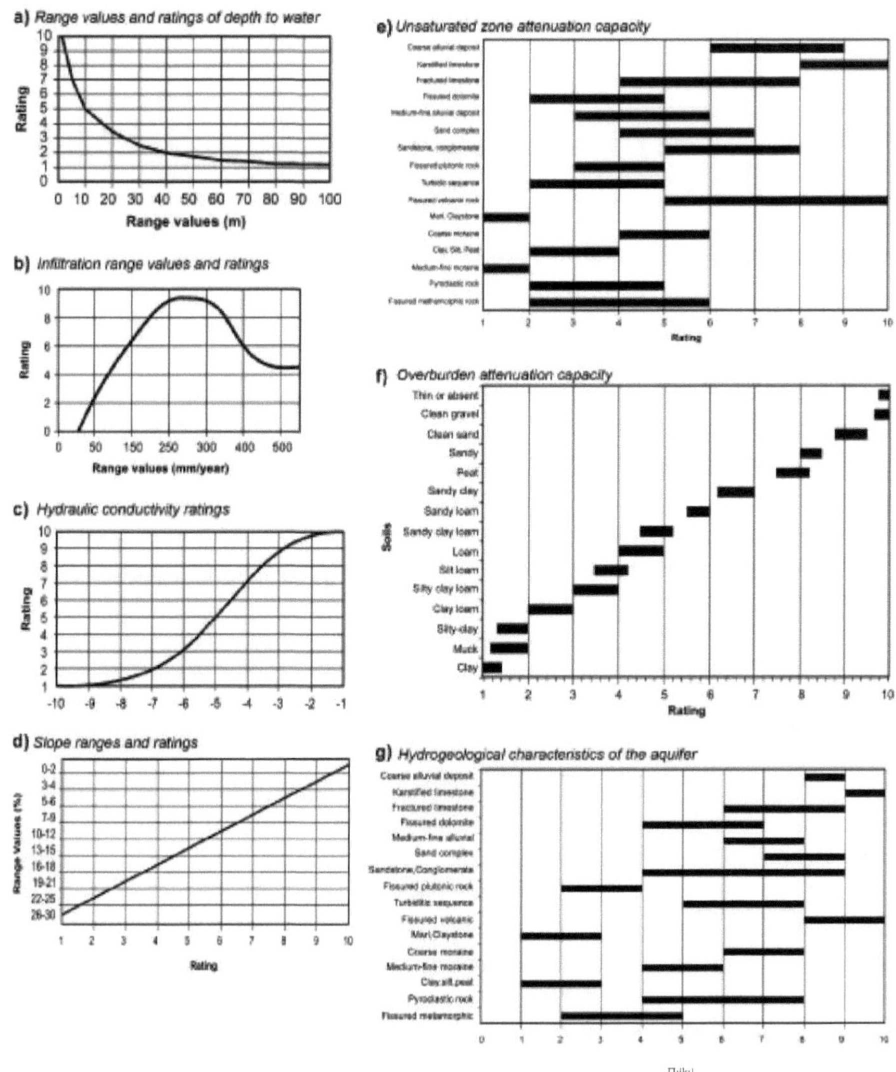

Figura 4-4: Curvas de classificação padrão para os parâmetros do método SINTACS adaptadas de Civita e De maio (1997)

CAPÍTULO 5

Aplicação do modelo DRASTIC

Neste capítulo, são apresentados os resultados do índice de vulnerabilidade DRASTIC, do índice de vulnerabilidade SINTACS e os mapas resultantes. O índice DRASTIC e o índice SINTACS calculados reconhecem as zonas propensas à poluição das águas subterrâneas em comparação umas com as outras. O valor mais elevado do índice reflecte as possibilidades do potencial relativo de contaminação das águas subterrâneas. A Tabela 5-1 mostra o intervalo, as classificações correspondentes, o peso, a área e a área percentual dos parâmetros utilizados como entrada para calcular o mapa final do índice de vulnerabilidade. As classificações são classificadas com base na sensibilidade da gama ou do tipo de parâmetro, de acordo com as classificações padrão dadas pela literatura.

5.1 Profundidade do lençol freático

Significa a profundidade do lençol freático em relação à superfície do solo. Quanto mais profundo for o lençol freático, menores serão as probabilidades de interação dos poluentes com as águas subterrâneas, uma vez que o tempo de viagem dos poluentes será mais elevado do que no caso de lençóis freáticos menos profundos. O mapa da profundidade do lençol freático foi preparado com base nos dados mais recentes de 19 poços que estavam disponíveis durante 7 anos consecutivos até 2012, medidos quatro vezes por ano. Após análise, verificou-se que os bons dados de maio de 2012 mostram o cenário crítico da área de estudo; e também o coeficiente de variação foi menor para o ano de 2012 quando comparado com os outros. Por conseguinte, os dados mais recentes disponíveis são utilizados para a preparação do mapa da profundidade do lençol freático. Foi preparado um novo shapefile utilizando informações sobre a localização do poço, o nível freático e a data de medição, localizando o poço como dados pontuais. A profundidade do lençol freático foi atribuída a dados pontuais e interpolada utilizando o método IDW (distância inversa ponderada), que deu o melhor resultado para esta área de estudo. O ficheiro raster de saída foi reclassificado com base nas classificações padrão.

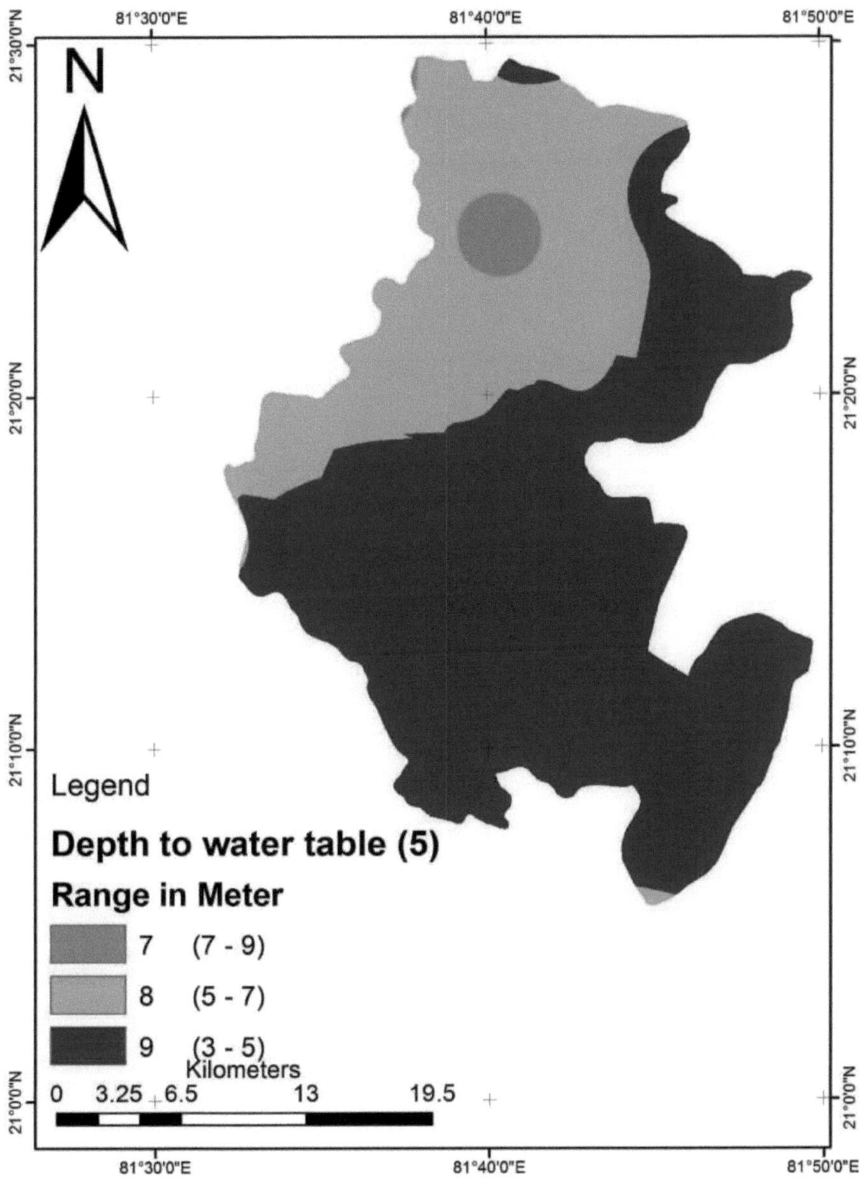

Figura 5-1: Mapa da profundidade do lençol freático

51

Quadro 5-1: Pesos e classificações atribuídos a cada parâmetro utilizado no modelo DRASTIC

Parameter	Range	Rating	Weight	Area Km²	%age Area
Depth to Water Table (m)	3-5	9	5	495.36	66.99%
	5-7	8		228.53	30.90%
	7-9	7		15.5	2.09%
Net Recharge (mm/year)	100-200	7	4	79.13	10.70%
	200-300	8		554.21	74.95%
	300-500	9		106.05	14.34%
Aquifer (Geology)	Alluvium	7	3	3.29	0.44%
	Arenite	8		143.25	19.37%
	Limestone Dolomite	6		536.99	72.62%
	Shale	3		55.86	7.55%
Soil (Soil Texture/ Type)	Clay Loam	3	2	99.92	13.51%
	Loamy Black Soils	3		427.76	57.85%
	Sandy Clay Loam	6		211.71	28.63%
Topography (% slope)	0-2	10	1	335.7	45.39%
	2-6	9		357.35	48.32%
	6-12	5		41.35	5.59%
	12-18	3		3.95	53.00%
	18-40	1		1.05	14.00%
Impact of Vadose Zone (Lithology)	Alluvium	8	5	147.6	19.96%
	Shale	3		51.49	73.07%
	Stromatolotic Sandstone	6		540.27	6.96%
Conductivity (m/day)	0.0397 – 0.1598	1	3	302.04	40.85%
	0.1598 – 0.3196	2		276.51	37.39%
	0.3196 – 0.6293	3		160.82	21.75%

Quadro 5-2: Ponderações e classificações atribuídas a cada parâmetro utilizado no modelo SINTACS

Parameter	Range	Rating	Weight	Area Km²	%age Area
Depth to Water Table (m)	2-4	8		53	
	4-5.5	7	5	497	
	5.5-8	6		189	
Net Recharge (mm/year)	100-150	6		11	
	300-400, 150-200	7	4	19	
	300-350, 200-250	8		122	
	250-300	9		587	
Aquifer (Geology)	Alluvium	9		3	
	Arenite	8	3	144	
	Limestone Dolomite	6		537	
	Shale	3		55	
Soil (Soil Texture/ Type)	Clay Loam	3		100	
	Loamy Black Soils	3	2	427	
	Sandy Clay Loam	5		211	
Topography (% slope)	0-2	10		335	
	3-4	9		211	
	5-6	8		146	
	7-9	7	1	35	
	10-12	6		6	
	13-15	5		4	
	16-18	4		2	
Impact of Vadose Zone (Lithology)	Alluvium	7		148	
	Shale	4	5	51	
	Stromatolotic Sandstone	6		540	
Conductivity (cm/day)	7.94-15.98, 3.97-7.94	1		303	
	15.98-31.96	2	3	276	
	31.9-63.9	3		160	

5.2 Recarga líquida

É a quantidade líquida de água que percola e sobe até às águas subterrâneas a partir da superfície. Actua como um meio de transporte para o poluente ou contaminação. Na área de estudo, as águas subterrâneas são recarregadas principalmente a partir de duas fontes: em primeiro lugar, a água da chuva que percola e chega às águas subterrâneas e, em segundo lugar, a infiltração através de várias fontes. A recarga líquida foi calculada utilizando um método de flutuação do lençol freático (WTF) com base nos dados de poços disponíveis para 7 anos consecutivos até 2012. Os dados dos poços da pré-monção e da pós-monção do ano de 2012 foram utilizados para o cálculo da recarga líquida pelo método da flutuação do lençol freático, tendo sido atribuído um valor pontual às localizações dos poços. Além disso, foram interpolados utilizando o método IDW e o ficheiro raster de saída foi reclassificado com base nas classificações para cada intervalo.

5.3 Meio Aquífero

É a área potencial de armazenamento de água, a atenuação de contaminantes de um aquífero depende da quantidade e da seleção de grãos finos, quanto menor o tamanho do grão maior a capacidade de atenuação do meio aquífero" (Rahman, 2008).

5.4 Meios do solo

"É a parte mais superficial da superfície e controla a quantidade de água de percolação que pode infiltrar-se para baixo. Os solos com argilas e sedimentos têm uma maior capacidade de retenção de água, aumentando assim o tempo de deslocação do poluente através da zona radicular.

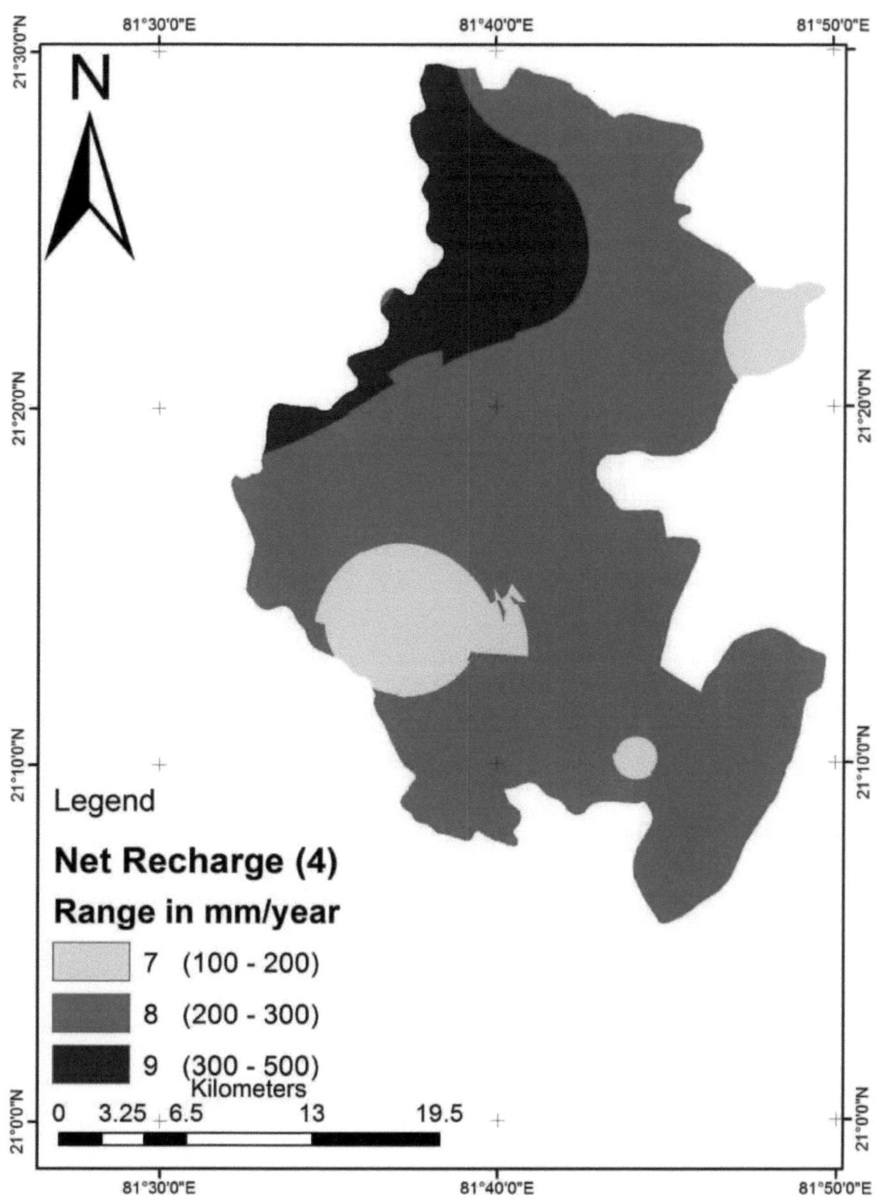

Figura 5-2: Mapa de recarga líquida

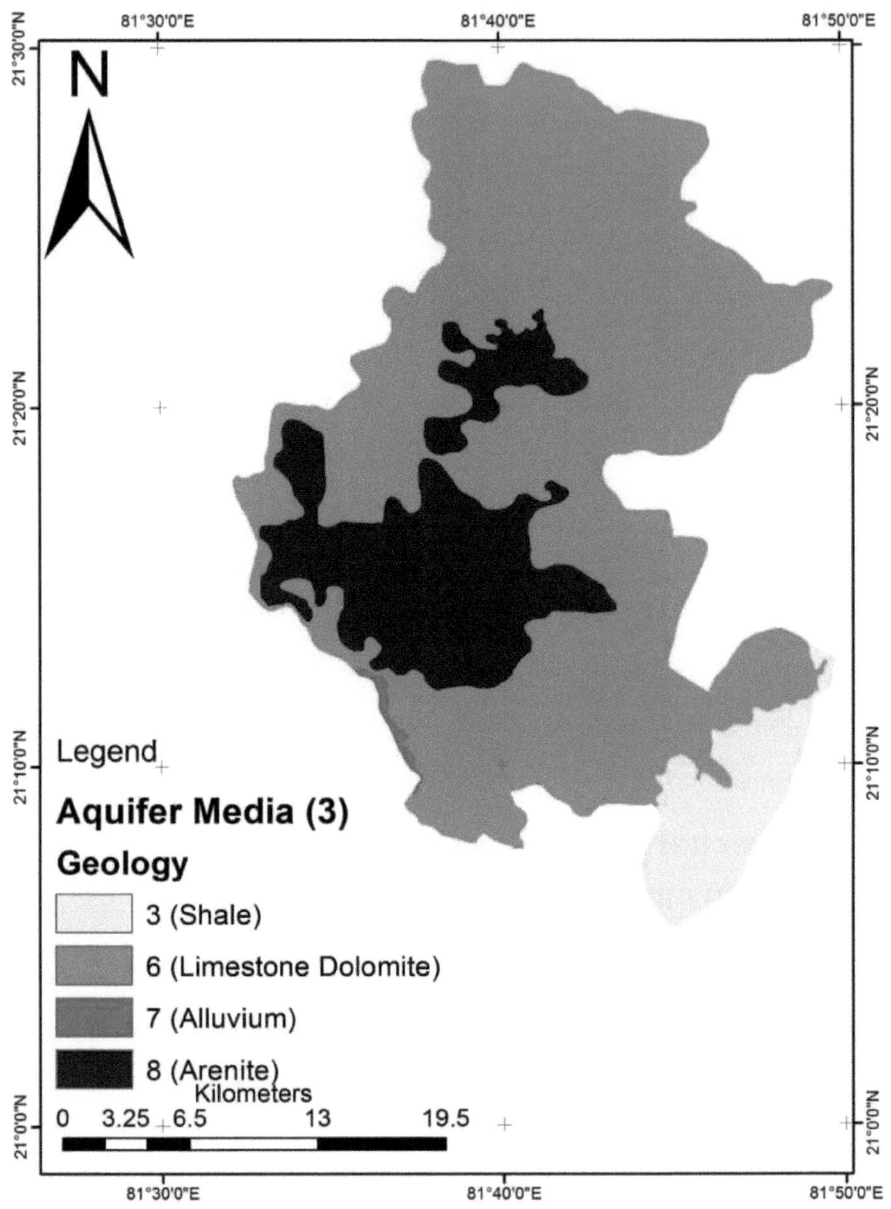

Figura 5-3: Mapa do meio aquífero

5.5 Impacto da zona vadosa

A zona não saturada acima do lençol freático é designada por zona vadosa; controla a passagem e a atenuação do material contaminado para a zona saturada. Os mapas dos meios aquíferos, dos meios do solo e do impacto da zona vadosa; estes são os mapas dos parâmetros quantitativos, foram preparados utilizando o mapa de recursos distritais", o mapa dos meios aquíferos e o mapa do solo adquiridos à escala 1:50.000. Estes mapas foram georreferenciados e ortorrectificados utilizando pontos de controlo no ArcGIS 10.1 e, em seguida, digitalizados em novos ficheiros de forma para áreas de diferentes tipos de meios aquíferos, meios de solo e zona vadosa que se inserem na área de estudo. Estes ficheiros shapefiles foram convertidos em ficheiros raster utilizando a ferramenta feature to raster para que a reclassificação possa ser feita com base nas classificações para um tipo diferente de textura do solo, geologia e litologia.

5.6 Topografia

Significa declive ou inclinação, as áreas com declive suave tendem a reter a água durante mais tempo, o que permite uma maior percolação da água e um maior potencial de migração de contaminantes e vulnerabilidade à contaminação das águas subterrâneas e vice-versa. O mapa de topografia (% de declive) foi preparado utilizando o Modelo Digital de Elevação (DEM) de 30m disponível no BHUVAN. Assim, o tamanho da célula de todos os mapas raster foi mantido em 30m. Este DEM foi projetado e depois recortado para a área de estudo utilizando a ferramenta Clip. Utilizando a ferramenta Slope no ArcGIS 10.1, foi calculado o declive da área. Este ficheiro raster foi então reclassificado com base nas classificações.

5.7 Condutividade hidráulica

Significa a capacidade do aquífero para transmitir água, determinando assim a taxa de fluxo de poluentes dentro do sistema de águas subterrâneas. A Condutividade Hidráulica foi calculada a partir dos dados de rendimento específico disponíveis para as diferentes áreas. Este valor de Condutividade Hidráulica foi depois fundido com o ficheiro de forma da área com diferentes rendimentos específicos. Este ficheiro shapefile foi convertido num ficheiro raster utilizando a ferramenta feature to raster. O ficheiro raster foi então reclassificado com base na classificação.

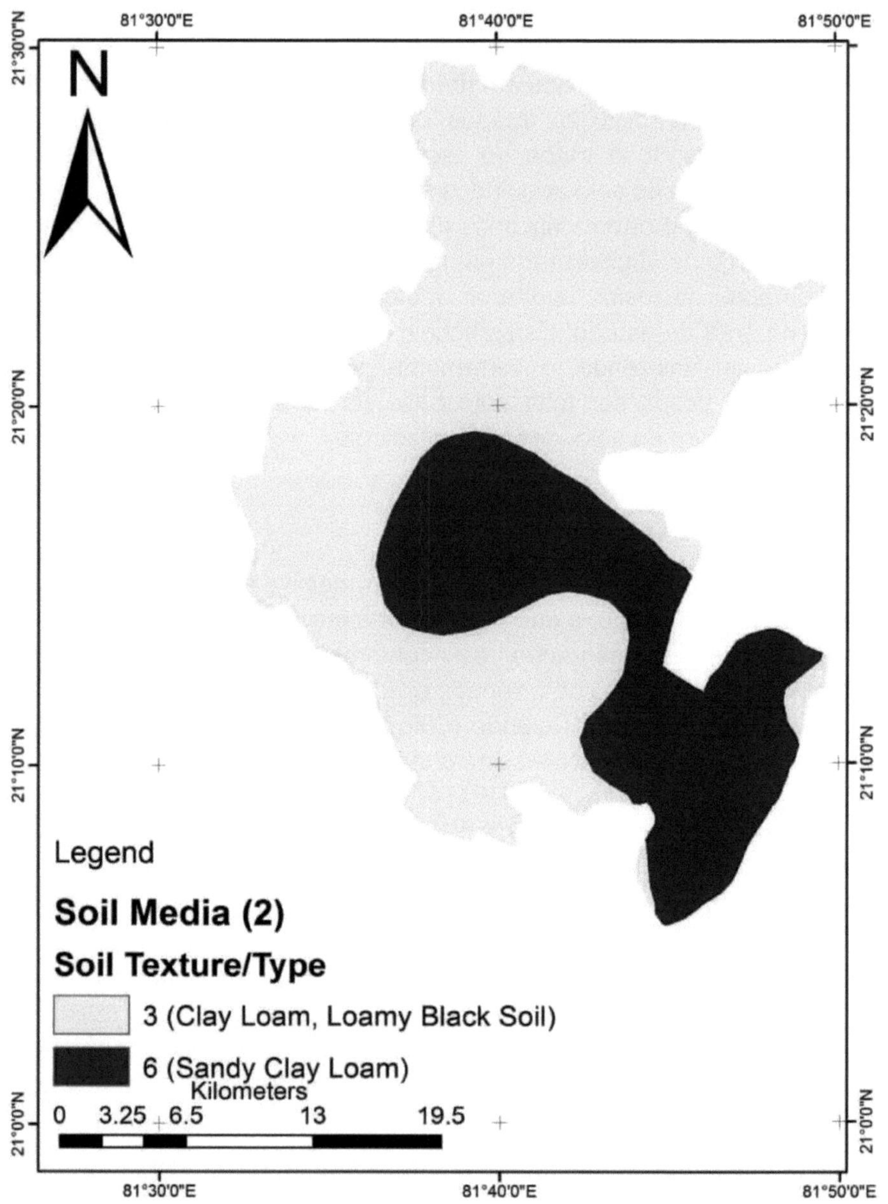

Figura 5-4: Mapa dos meios do solo

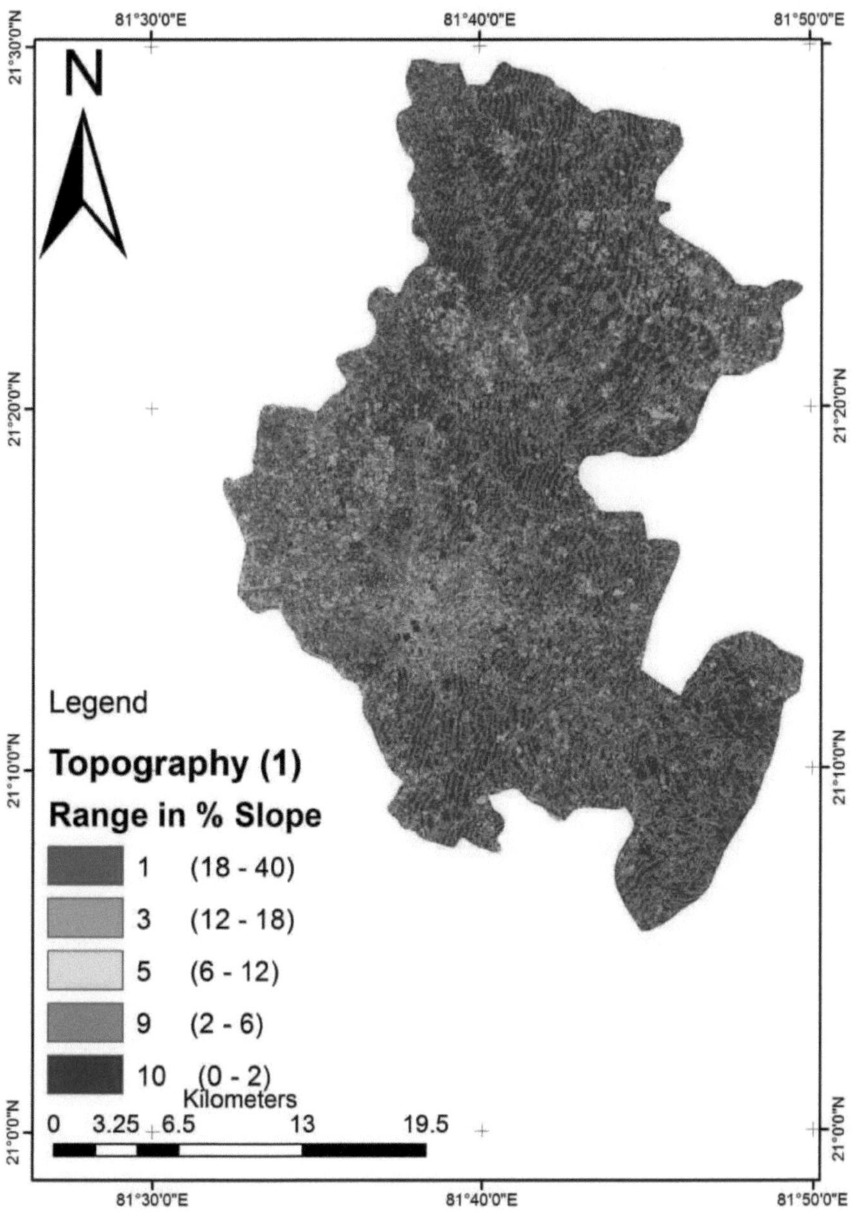

Figura 5-5: Mapa topográfico

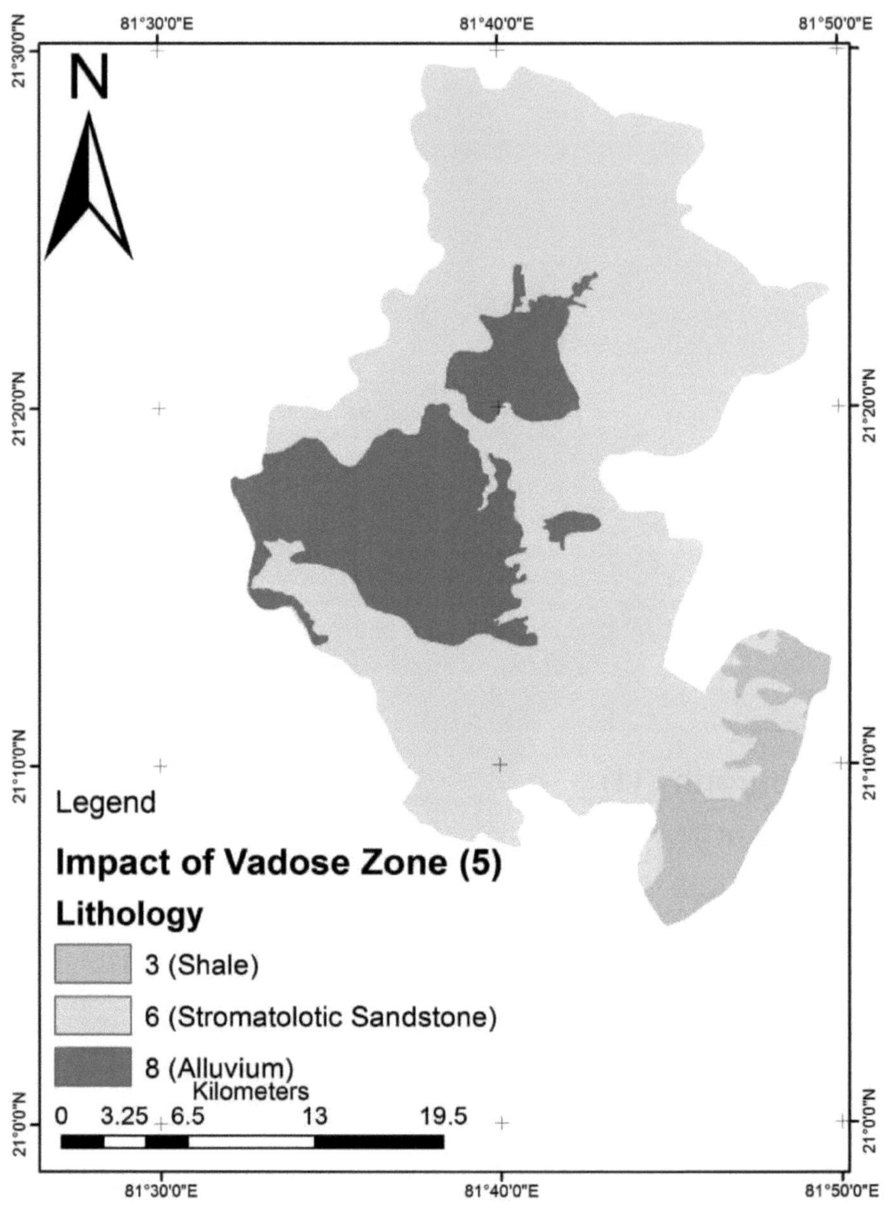

Figura 5-6: Impacto do mapa da zona vadosa

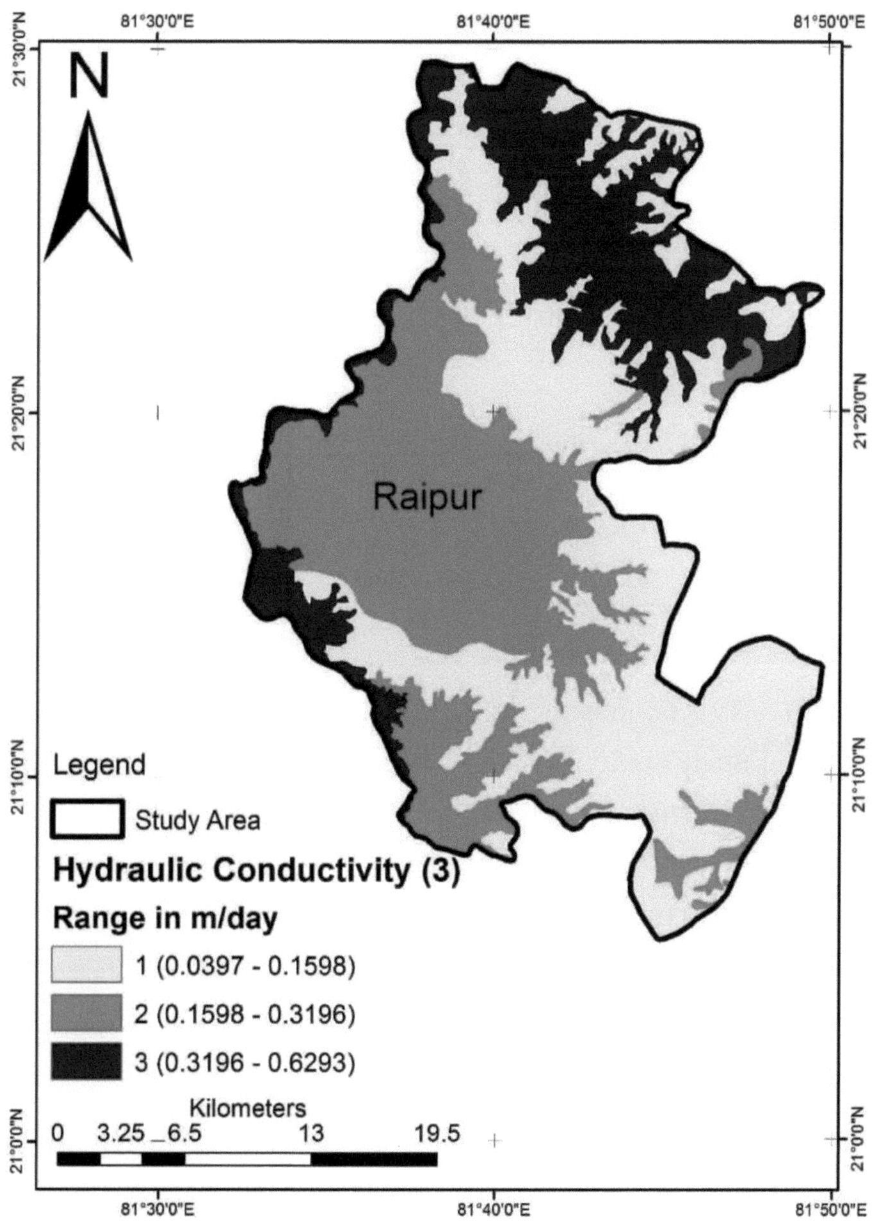

Figura 5-7: Mapa de condutividade hidráulica

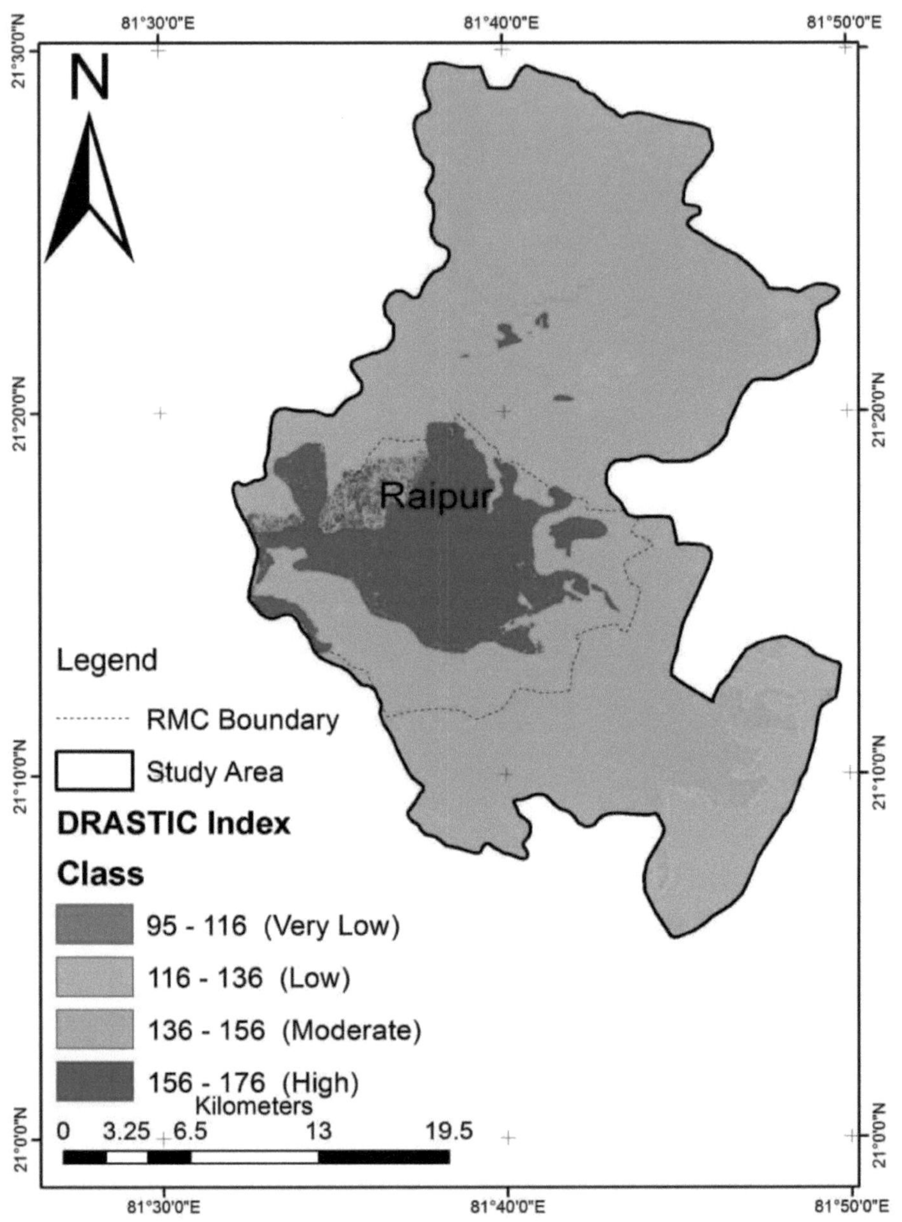

Figura 5-8: Mapa final do índice de vulnerabilidade DRASTIC

Todos os mapas dos sete parâmetros são preparados com base nos dados disponíveis sob a forma de dados vectoriais e dados raster; cada dado foi analisado e digitalizado ou atribuído aos novos ficheiros shapefiles e, em seguida, estes ficheiros shapefiles foram reclassificados com base nas classificações e convertidos no ficheiro raster que é apresentado sob a forma de mapas. Estes mapas foram multiplicados pelo peso que lhes foi atribuído e sobrepostos utilizando a ferramenta de cálculo raster no ArcGIS 10.1 e foi gerado o mapa final do índice de vulnerabilidade.

CAPÍTULO 6

Aplicação do modelo SINTACS

Do mesmo modo, os sete parâmetros do modelo SINTACS são S - profundidade do lençol freático, I - recarga líquida, N - condições não saturadas (zona vadosa), T - meio do solo, A - meio do aquífero, C - condutividade hidráulica e S - declive topográfico, tendo sido preparados utilizando o software ArcGIS. Esta abordagem é cientificamente valiosa e adequada para avaliar a potencial contaminação de um CSC (Contamination Spreading Centre) em pequenas áreas, mas é pouco viável quando o objetivo é avaliar a vulnerabilidade de grandes áreas de aquíferos ou quando é realizada para prevenir a contaminação no planeamento da proteção de aquíferos. A cada parâmetro foi atribuída uma classificação que varia entre 0 e 10, consoante a contribuição do parâmetro para a definição do grau de vulnerabilidade. As classificações são obtidas a partir da tabela de classificação padrão7. A estes parâmetros é atribuído um peso que depende também das condições ambientais e antropogénicas da zona. O índice de vulnerabilidade intrínseca (In) pode ser calculado através da soma dos produtos das classificações e dos respectivos pesos.

Todos os sete parâmetros do método SINTACS são, em primeiro lugar, expressos como camadas no Arc Map 10.1 e, após a utilização das sete camadas, é obtido o mapa de vulnerabilidade final. Todos os dados são obtidos junto do organismo governamental de Chhattisgarh. Estes dados são digitalizados e utilizados no Arc Map 10.1.

6.1 Profundidade do lençol freático (parâmetro S)

A profundidade do lençol freático em metros é calculada pela diferença entre a elevação da superfície e a elevação do lençol freático. Os dados de elevação da superfície foram obtidos a partir do Modelo Digital de Elevação (DEM) e o mapa do nível de água foi obtido através da interpolação de dados de poços pelo método IDW (Inverse Distance Weighted) (Figura 5.3). Os dados dos poços antes da monção são utilizados para interpolação. As classificações são fornecidas a partir do gráfico de classificação (Figura 5.2). O valor da classificação e o valor do índice obtidos tendo em conta a profundidade do lençol freático são apresentados na Tabela 5.2.

6.2 Recarga líquida (parâmetro I)

A precipitação é a principal fonte de recarga. Infiltra-se através da superfície do solo para o aquífero numa base anual. Uma maior recarga leva a uma maior probabilidade de os contaminantes atingirem o lençol freático. A recarga líquida é obtida utilizando o Método de Flutuação do Lençol Freático (WTF). Este método baseia-se no pressuposto de que a subida do nível da água é causada pela recarga do aquífero pela precipitação (Figura 5.4).

Fórmula WTF, $R = \Delta L \cdot Sy/\Delta t$

Onde ΔL = variação da altura do lençol freático, Sy = rendimento específico e Δt = intervalo de tempo. A variação da altura do lençol freático foi obtida a partir de dados de poços. A recarga líquida obtida para a área de estudo varia entre 100-400 (mm/ano).

6.3 Impacto da zona vadosa (parâmetro N)

A zona vadosa, a zona não saturada, é o principal fator que mais afecta o índice de vulnerabilidade. A camada que se encontra acima da zona saturada é responsável pela atenuação e passagem do material contaminado para a zona saturada, o que depende da porosidade do meio. No nosso sistema de classificação, o aluvião tem a classificação mais elevada. A informação sobre o impacte da zona vadosa é obtida a partir do mapa geológico da área (Figura 5.5). Na área de estudo encontram-se aluviões, arenitos estromatolíticos e xistos.

6.4 Meio do solo (parâmetro T)

O solo é um fator básico que afecta a infiltração, uma vez que se encontra na parte superior da camada não saturada. Desce desde a superfície superior até cerca de 6 pés abaixo. As características do solo determinam a taxa de infiltração (Figura 5.6). O solo, como o silte e a argila, tem baixa permeabilidade e o solo arenoso tem alta permeabilidade. A permeabilidade depende da textura do solo. O solo actua como uma passagem para o movimento vertical descendente dos contaminantes para atingir as águas subterrâneas e afecta a vulnerabilidade.

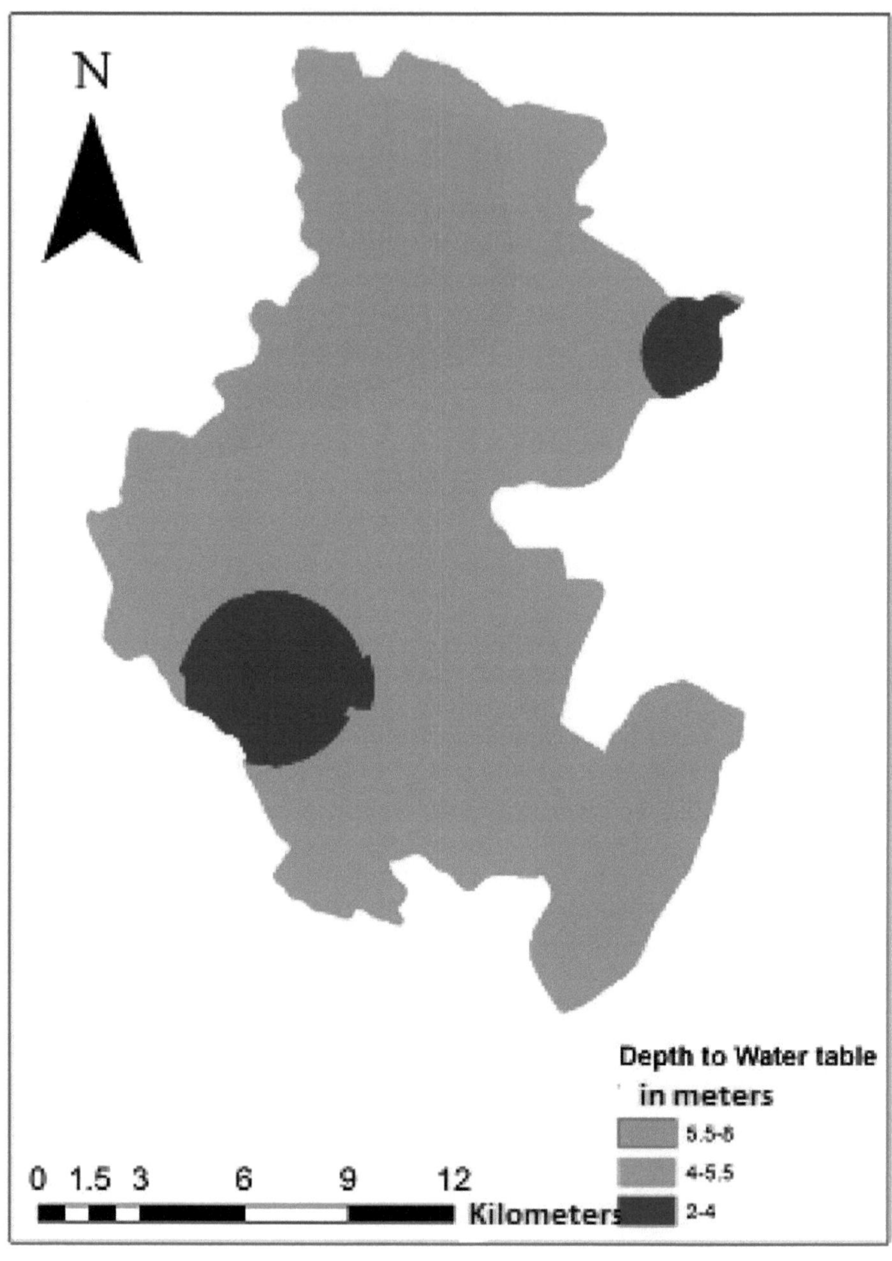

Figura 6-1: Mapa de profundidade do lençol freático do estudo

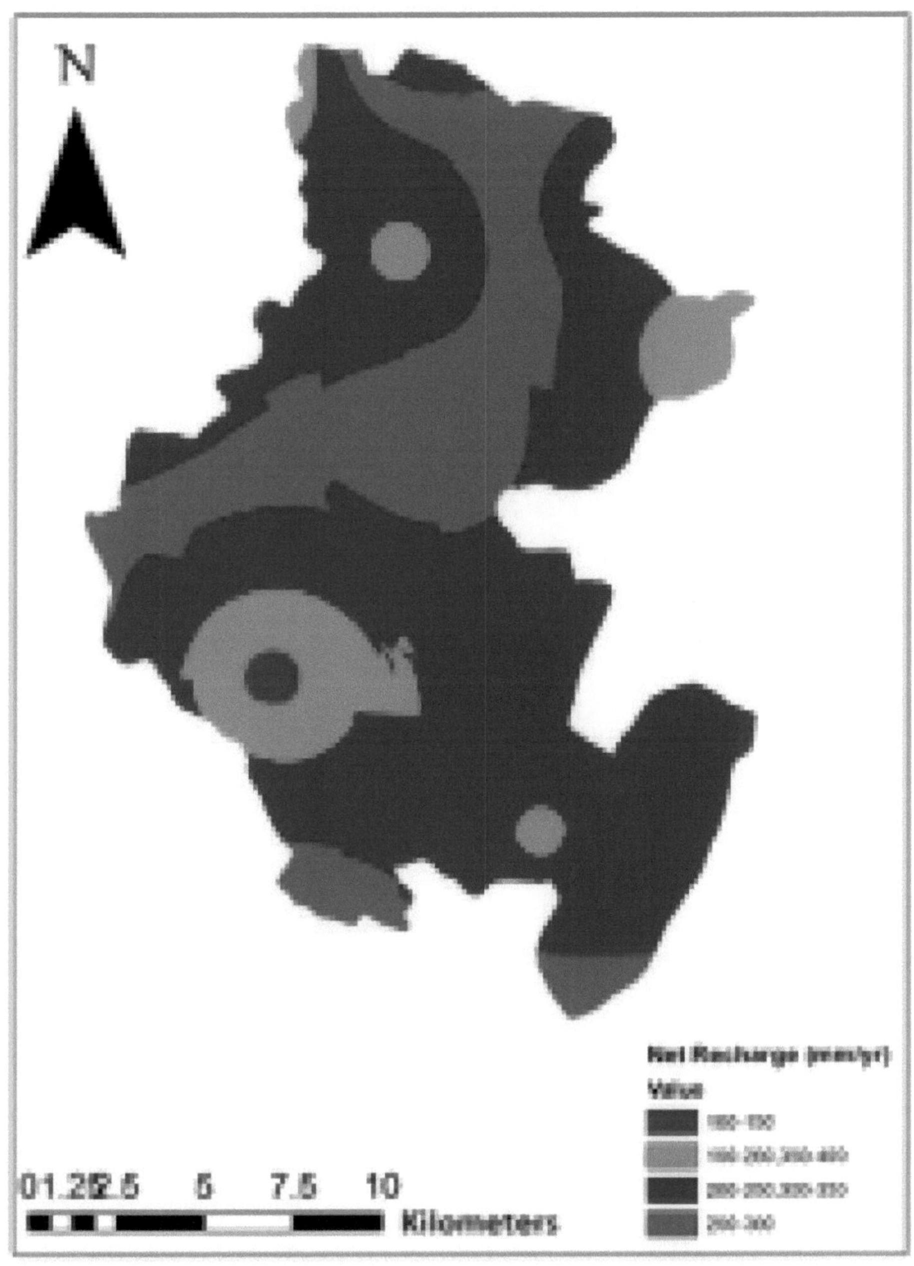

Figura 6-2: Mapa de recarga líquida da zona de estudo

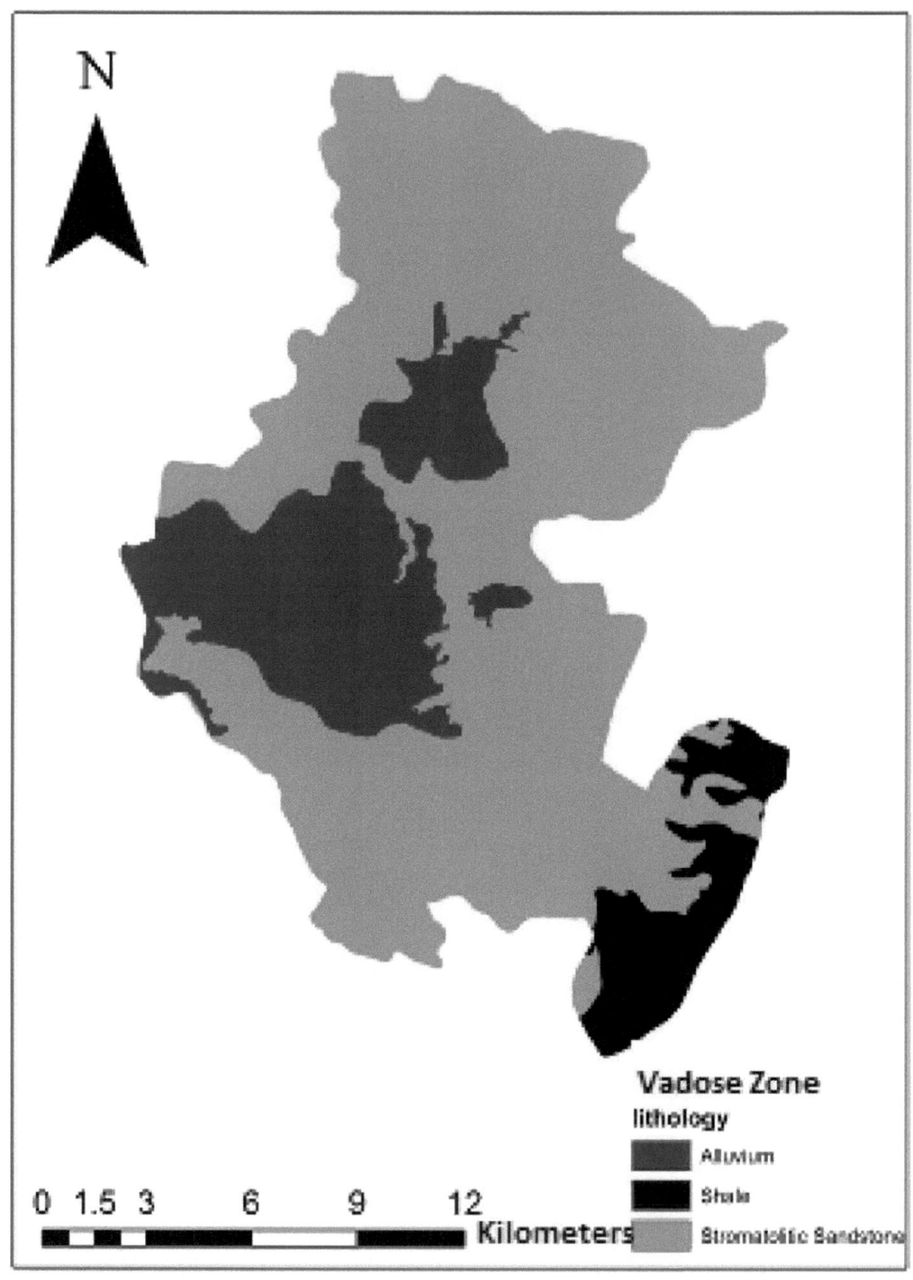

Figura 6-3: Mapa do impacto da zona vadosa da área de estudo

68

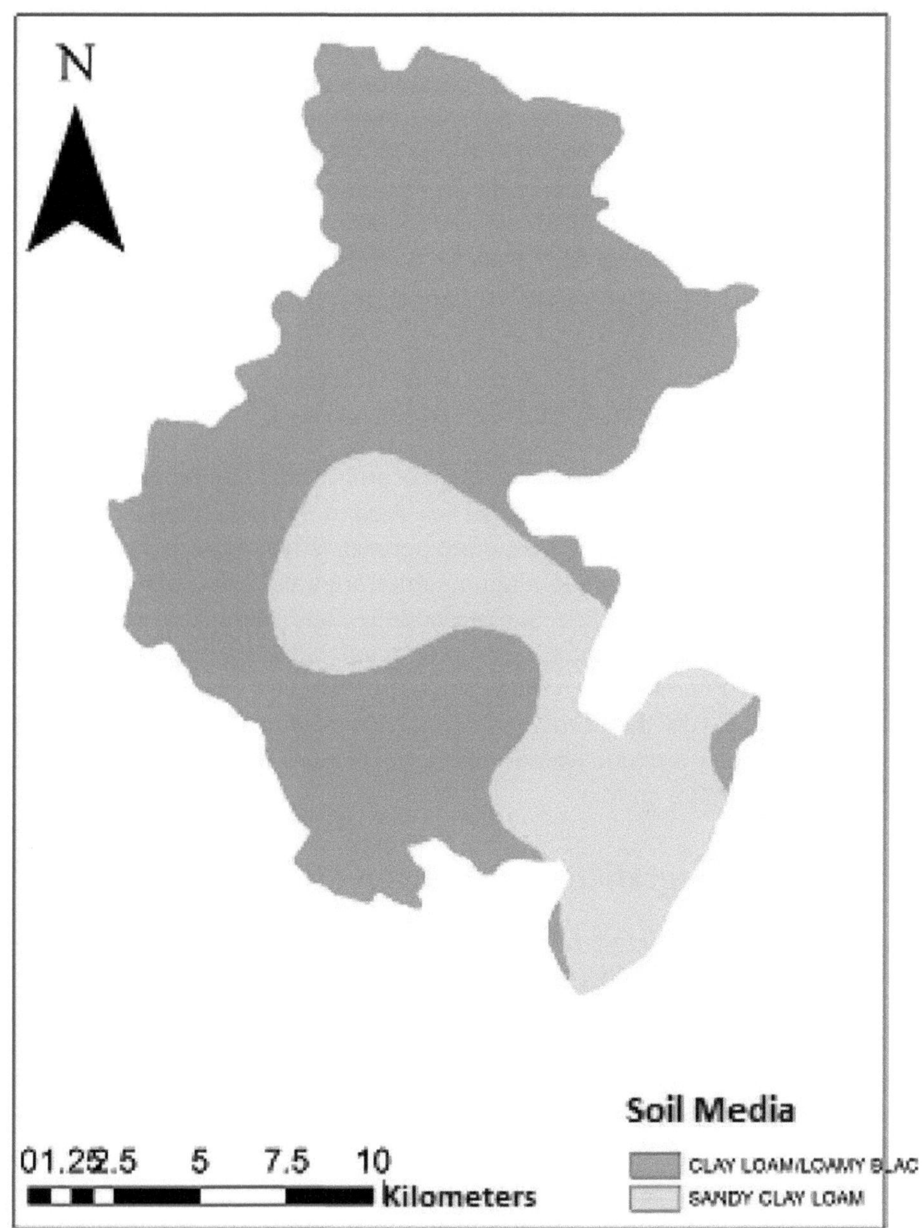

Figura 6-4: Mapa do solo da área de estudo

6.5 Meio aquífero (parâmetro A)

O aquífero é definido como uma camada subterrânea de rochas permeáveis portadoras de água, fracturas de rocha ou materiais não consolidados dos quais a água subterrânea pode ser extraída através de um poço de água (K. Subramanya 4e). Os aquíferos encontram-se aqui em condições confinadas a semi-confinadas (CGWB 2009). Todas as classificações são efectuadas com base na tabela de classificação (Civita, M. e De maio, M., 1997) (Figura 5.7). O meio aquífero fornece um caminho para a mobilidade dos contaminantes através dele.

6.6 Condutividade hidráulica (parâmetro C)

A condutividade hidráulica reflecte os efeitos combinados das propriedades do meio poroso e do fluido (K. Subarmanya 4e). A condutividade hidráulica refere-se à capacidade dos materiais do aquífero para transmitir água, o que, por sua vez, controla a velocidade a que a água subterrânea flui sob um determinado gradiente hidráulico. À medida que a condutividade hidráulica aumenta, a velocidade da água subterrânea, bem como a velocidade a que os poluentes são transportados, também aumenta, o que, por sua vez, leva a um aumento da vulnerabilidade do aquífero. Os dados dos testes de bombagem são utilizados para obter a condutividade hidráulica (Figura 5.8). O seu valor varia entre 3,97 cm/dia-63,9 cm/dia.

6.7 Declive topográfico (% de declive) (parâmetro S)

O declive pode ser definido como a medida da inclinação de uma área. A área com baixo declive leva ao armazenamento de água que dá mais tempo para a água percolar e a área com grande declive dá menos tempo para a água permanecer. As áreas de baixo declive têm um maior potencial de contaminação e são mais vulneráveis à poluição das águas subterrâneas. O declive é obtido a partir de dados DEM (Modelo Digital de Elevação) da área utilizando a ferramenta Arc GIS (Figura 5.9). O valor de classificação atribuído ao declive topográfico varia de 10 a 4.

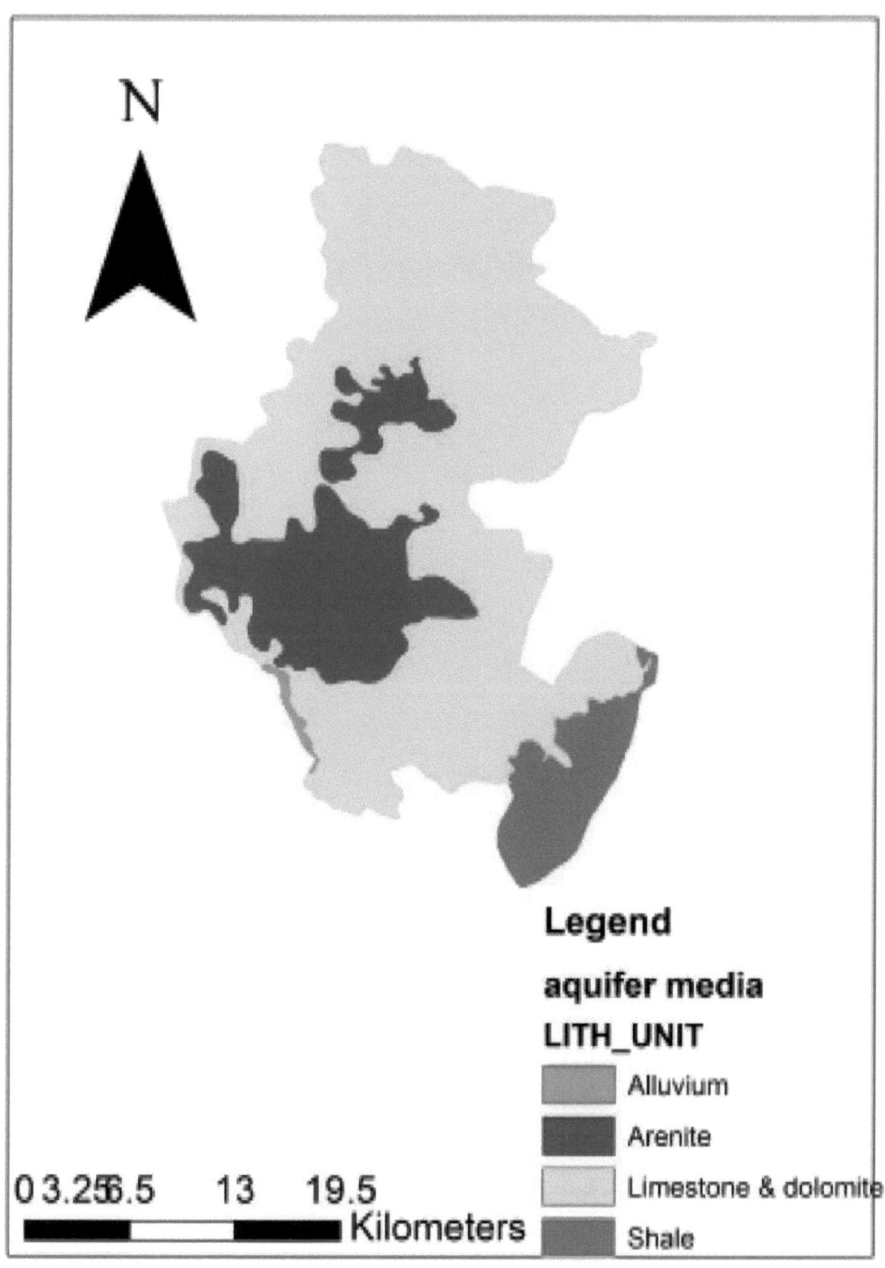

Figura 6-5: Mapa de meios aquíferos da área de estudo

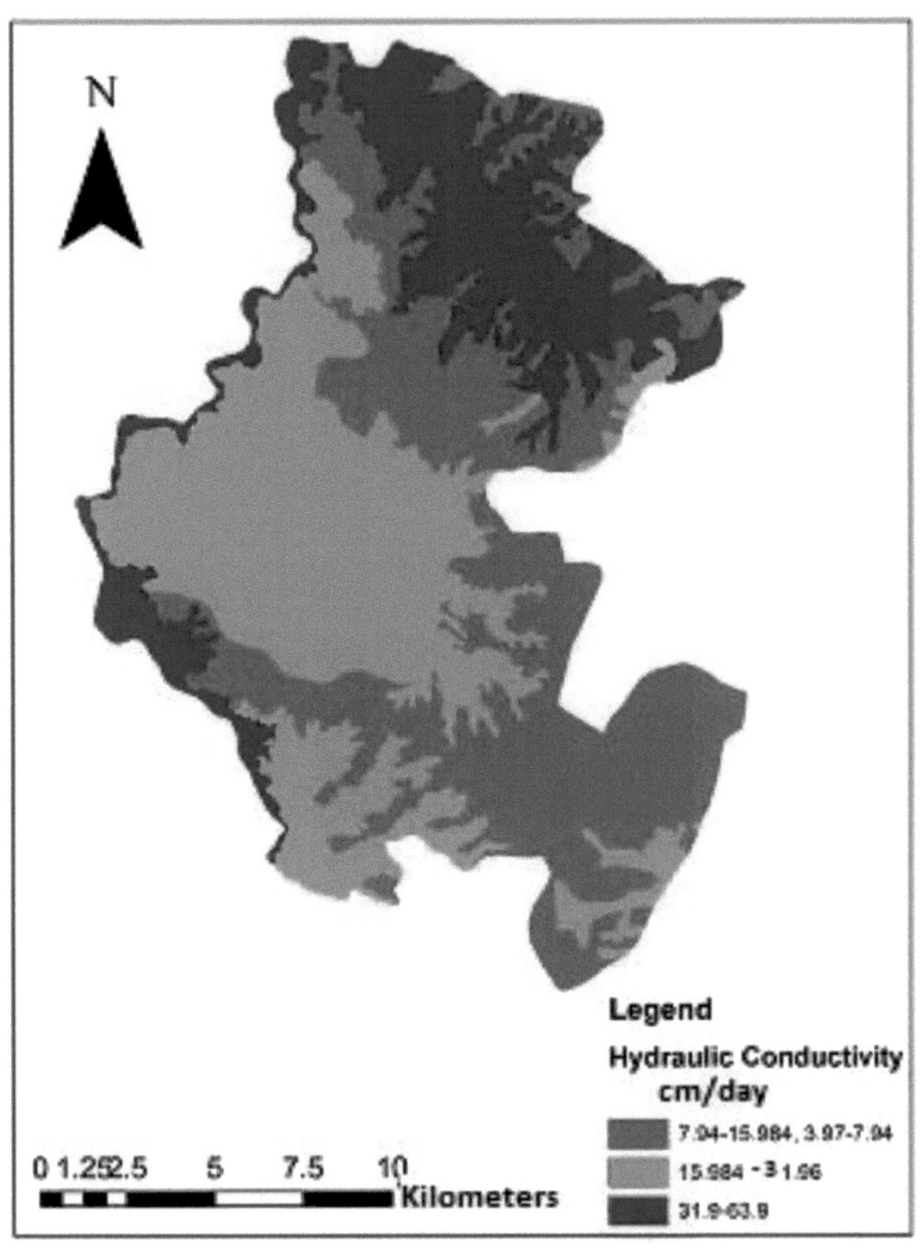

Figura 6-6: Mapa de Condutividade Hidráulica da área de estudo

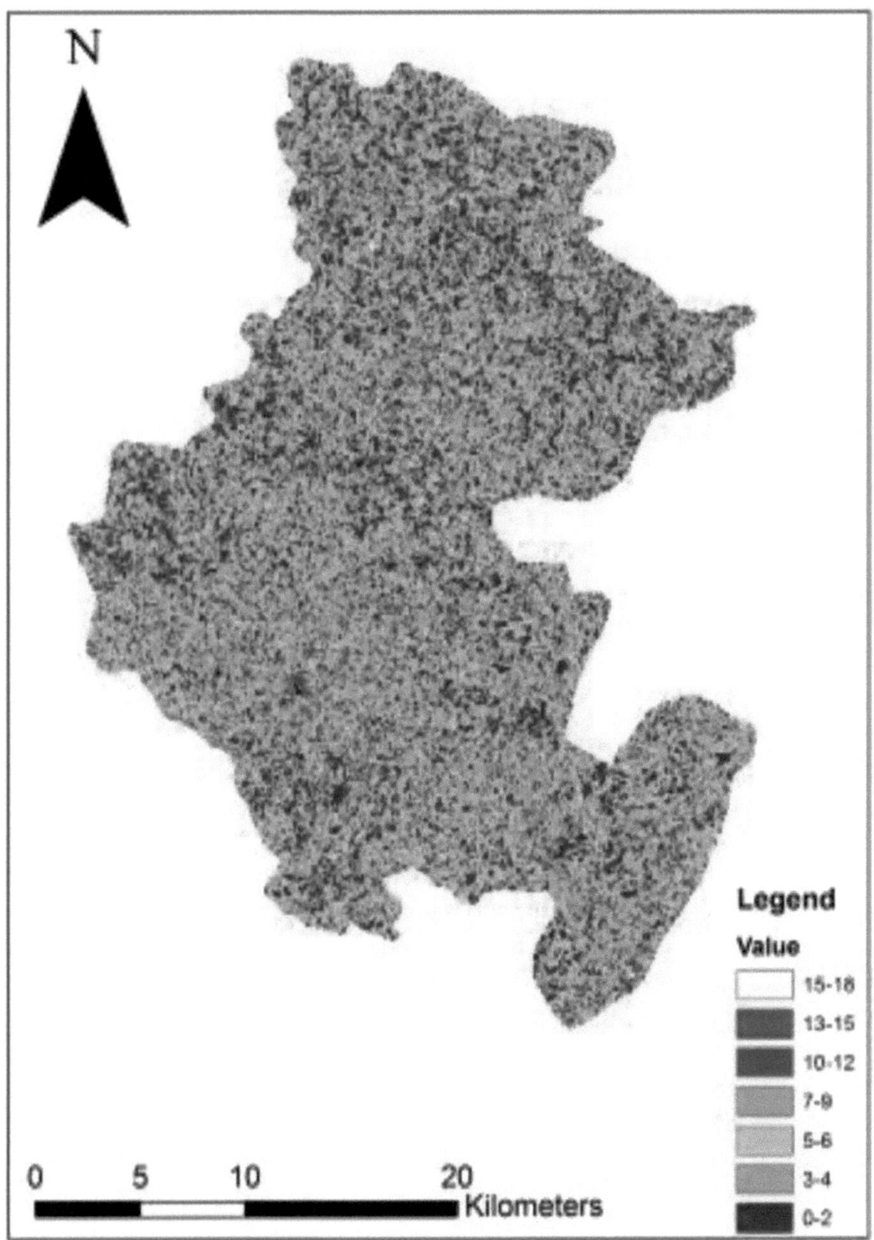

Figura 6-7: Mapa de declives topográficos da zona de estudo

Para calcular a vulnerabilidade do SINTACS, todos os mapas dos parâmetros são somados. Através da utilização da calculadora Raster, todos os mapas raster dos sete parâmetros são multiplicados pelos seus respectivos pesos e somados, obtendo-se então o índice de vulnerabilidade SINTACS (In) (Figura 5.10).

$$SINTAC(In) = 5 \cdot S + 4 \cdot I + 5 \cdot N + 4 \cdot T + 3 \cdot A + 3 \cdot C + 2 \cdot S$$

Quadro 6-1: Classe do índice de vulnerabilidade dos resultados

Vulnerability SINTACS Class			
Range	Class	Area Percentage	Area (sq. km)
100-122	Very low	0.265	1.96
122-144	Low	11.58	85.418
144-166	Moderate	81.3	599.63
166-187	High	6.81	50.272
		Total	737.28

Os valores de profundidade do lençol freático obtidos no nosso estudo variam entre 2-8 metros e foram ainda classificados em três classes: (i) 2-4 m, (ii) 45,5 m e (iii) 5,5-8 m com valores de classificação de 8, 7 e 6, respetivamente (Tabela 5.2). As áreas com baixa profundidade do lençol freático são altamente vulneráveis à contaminação. Uma maior recarga leva a uma maior probabilidade de os contaminantes atingirem o lençol freático. A recarga líquida anual da área de estudo varia entre 100 mm e 400 mm. As classificações atribuídas aos valores de recarga líquida variam entre 6 e 9 com valores de índice entre 24 e 36 (Tabela 5.3). Uma área com alta recarga líquida está em alto risco devido ao caminho permeável da superfície para o lençol freático. As condições não saturadas compreendem Aluvião, Xisto e Arenito Estromatolítico com valores de classificação de 7, 4 e 6, respetivamente, com valores de índice de 35, 20 e 30, respetivamente (Tabela 5.4). Os tipos de solo que cobrem a área de estudo são argila, terra preta argilosa e argila arenosa, tendo-lhes sido atribuídas classificações de 3, 3 e 5, respetivamente. O valor do índice do solo argiloso e do solo preto argiloso é 12 e o do solo argiloso arenoso é 20 (Quadro 5.5). Relativamente aos meios aquíferos, foi atribuída a classificação mais elevada de 9 ao aluvião, 8 ao arenito, 6 ao calcário e 3 ao xisto (Quadro 5.6). Em geral, quanto maior for o tamanho do grão e quanto maior for o número de fracturas ou aberturas nos aquíferos, maior será a permeabilidade e menor será a capacidade de atenuação; consequentemente, maior será o potencial de poluição (Anwar et al., 2003). Assim, aos meios grosseiros (saturados ou não saturados) é atribuído um valor de classificação elevado em comparação com os meios finos. Raipur tem uma topografia plana com um declive geral. O declive topográfico obtido varia entre 2-18% (Quadro 5.8). A área com elevada vulnerabilidade possui um declive baixo. A condutividade hidráulica é calculada utilizando os dados do ensaio de bombagem. Os valores de Condutividade Hidráulica obtidos variam entre 8 e 64cm/dia (Tabela 5.7). Os aquíferos com valores elevados de condutividade hidráulica são mais susceptíveis à contaminação, uma vez que a pluma de contaminação pode mover-se facilmente através dos aquíferos.

O mapa de vulnerabilidade obtido mostra os diferentes níveis de vulnerabilidade dos aquíferos à contaminação (Figura 6.1). Os valores do Índice de Vulnerabilidade resultantes, obtidos com base nos valores do índice SINTACS, variam entre 121 e 176. O resultado obtido é normalizado e posteriormente classificado em quatro classes (Figura 6.1). As classes baseadas nos valores do índice SINTACS são designadas por Muito baixa (In=100-122), Baixa (In=122-144), Moderada (In=144-166) e Alta vulnerabilidade (In=166-187). O resultado mostra que, da área total, 0,26% da área indica uma vulnerabilidade muito baixa 11,58% indica uma vulnerabilidade baixa 81,35% indica uma vulnerabilidade moderada e 6,81% da área indica uma vulnerabilidade alta. Isto significa que a maioria da área de estudo apresenta uma vulnerabilidade moderada (Quadro 5.9). A área de 50,272 km2 que apresenta uma vulnerabilidade elevada à contaminação é constituída principalmente pelas partes antigas da zona de estudo, como Raipur. Esta zona situa-se principalmente na parte central da área de estudo, onde os factores físicos, como o declive suave e o lençol freático elevado, favorecem muito as possibilidades de poluição da água dos aquíferos pouco profundos. A recarga líquida anual da zona de elevada vulnerabilidade foi de 250-300 mm, com uma classificação de 9 e um valor de índice de 36. Na área de alta vulnerabilidade, encontram-se solos negros argilosos e argilosos arenosos. Sob o meio aquífero, o arenito e o calcário cobrem a zona de alta vulnerabilidade, com uma classificação de 8 e 6, respetivamente, e um valor de índice de 24 e 18, respetivamente. O aluvião e o arenito estromatolítico representam a zona vadosa da área de alta vulnerabilidade, com uma classificação de 7 e 6, respetivamente. A condutividade hidráulica da área varia entre 8 e 15 (cm/dia). A profundidade do lençol freático na zona de alta vulnerabilidade é de 2-5,5 metros, com uma classificação de 8 e 7 e um valor de índice de 40 e A análise de sensibilidade dos parâmetros mostra que a maior contribuição para o índice de vulnerabilidade é feita pela topografia e pela recarga líquida, enquanto a condutividade hidráulica e o meio do solo causam uma grande variação no índice de vulnerabilidade em comparação com outros parâmetros.

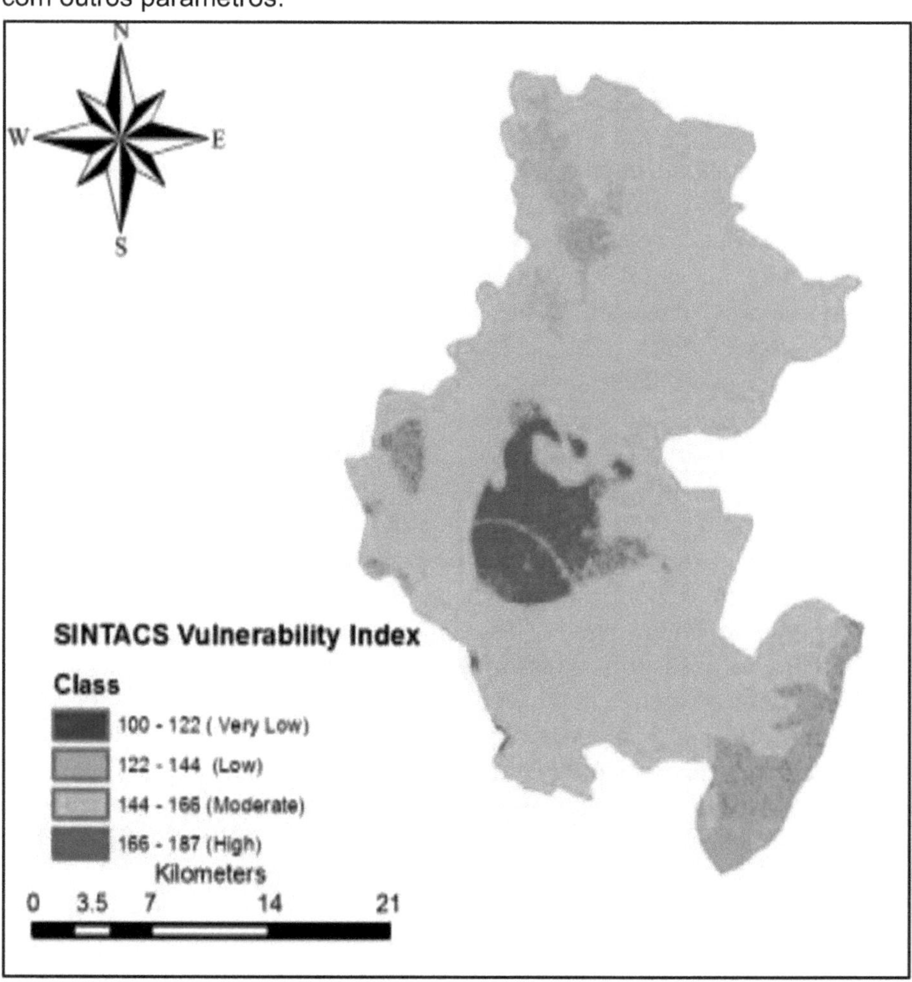

Figura 6-8: Mapa final do índice de vulnerabilidade SINTACS

CAPÍTULO 7

Comparação dos resultados do modelo

O índice de vulnerabilidade DRASTIC final foi normalizado e classificado em quatro classes, nomeadamente, muito baixo, baixo, moderado e alto. O valor mais baixo e mais alto do índice DRASTIC foi calculado com base nos pesos e classificações atribuídos a cada parâmetro e, em seguida, a diferença destes dois valores foi classificada nas quatro classes. A tabela mostra a distribuição da área em diferentes classes. Da área total, 102,58 km da área^2 (13,52%) pertencem à classe de vulnerabilidade alta, 578,97 km da área^2 (78,53%) pertencem à classe de vulnerabilidade moderada, 55,49 km da área^2 (7,52%) pertencem à classe de vulnerabilidade baixa e 0,14 km da área^2 (0,019%) pertencem à classe de vulnerabilidade muito baixa. A classe vulnerável moderada tem a maior percentagem da área total nesta área de estudo.

Quadro 7-1: Estatísticas dos resultados dos índices de vulnerabilidade classe

	DRASTIC		SINTACS	
Class	Range	Area in km^2	Range	Area in km^2
High	156-176	102.58 (13.52%)	166-187	50.27 (6.81%)
Moderate	136-156	578.97 (78.53%)	144-166	600 (81.30%)
Low	116-136	55.49 (7.52%)	122-144	85.4 (11.58%)
Very Low	95-116	0.14 (0.019%)	100-122	2.00 (0.30%)

O mapa de vulnerabilidade obtido mostra os diferentes níveis de vulnerabilidade dos aquíferos à contaminação. Os valores do Índice de Vulnerabilidade resultantes, obtidos com base nos valores do índice SINTACS, variam entre 121 e 176. O resultado obtido é normalizado e posteriormente classificado em quatro classes. As classes baseadas nos valores do índice SINTACS são designadas como Muito baixa (In=100- 122),

Baixa (In=122-144), Moderada (In=144-166) e Altamente vulnerável (In=166-187). O resultado mostra que, da área total, 0,26% da área indica uma vulnerabilidade muito baixa 11,58% indica uma vulnerabilidade baixa 81,35% indica uma vulnerabilidade moderada e 6,81% da área indica uma vulnerabilidade elevada. Isto significa que a maioria da área de estudo apresenta uma vulnerabilidade moderada. A zona de 50,272 km2 que apresenta uma vulnerabilidade elevada à contaminação é constituída principalmente pelas partes antigas da zona de estudo, como Raipur. Esta zona situa-se principalmente na parte central da área de estudo, onde os factores físicos, como o declive suave e o lençol freático elevado, favorecem muito as possibilidades de poluição da água dos aquíferos pouco profundos.

Referências

Abdelmadjid, B. e Omar, S. (2013) "Avaliação da poluição das águas subterrâneas por nitratos utilizando métodos de vulnerabilidade intrínseca: Um estudo de caso das águas subterrâneas do vale do Nil (Jijel, Nordeste da Argélia)" Jornal Africano de Ciência e Tecnologia Ambiental. Vol. 7(10), pp. 949-960

Al Kuisi, M., El-Naqa, A., Hammouri, N. (2006). Mapeamento da vulnerabilidade do aquífero de águas subterrâneas pouco profundas utilizando o modelo SINTACS na área do Vale do Jordão, Jordânia. Geologia Ambiental (50), 651-667

Al-Adamat R, Foster I, and Baban S (2003) Groundwater vulnerability and risk mapping for the basaltic aquifer of the Azraq basin of Jordan using GIS, remote sensing and DRASTIC. Appl Geogr 23(4):303- 324. doi: 10.1016/j.apgeog.2003.08.007

Aljazzar, T. H. (2010). Ajuste do índice de vulnerabilidade DRASTIC para avaliar a vulnerabilidade das águas subterrâneas à poluição por nitratos utilizando a célula de difusão por advecção.

Aller, L. B., Bennet T, Leher J. H., Petty R. J., e Hackett G. (1987). DRASTIC: Um sistema normalizado para avaliar o potencial de poluição das águas subterrâneas utilizando configurações hidrogeológicas. US-EPA Washington D.C.: Relatório US EPA 600/2-87-035.

Babiker, I. S., Mohamed, M. A. A., Hiyama, T., e Kato, K. (2005). Um modelo DRASTIC baseado em SIG para avaliar a vulnerabilidade do aquífero em Kakamigahara Heights, Prefeitura de Gifu, Japão central. Science of the Total Environment, 127-140.

Bai, L., Wang, Y., e Meng, F. (2012). Aplicação do DRASTIC e da teoria da extensão na avaliação da vulnerabilidade das águas subterrâneas. Water and

Jornal do Ambiente, 26 (3), 381-391.

Baier K., Schimtz K. S., Azzam R., e Strohschon R. (2013) Ferramentas de gestão para a proteção sustentável das águas subterrâneas em mega áreas urbanas - uso do solo em pequena escala e análise da vulnerabilidade das águas subterrâneas na megacidade do sul da China Guangzhou. Int J Environmental Res 8(2):249-262

Barber C., Bates L. E., Barron R., e Allison H. (1993). Assessment of the relative vulnerability of groundwater to pollution (Avaliação da vulnerabilidade relativa das águas subterrâneas à poluição): A review and background paper for the conference workshop on vulnerability assessment. Journal of Australian Geology and Geophysics, 14(2/3) 1147-1154.

Grupo de Trabalho BurVal (2006). Groundwater Resources in Buried Valleys - A Challenge for Geosciences. Hannover: Instituto Leibniz de Geociências Aplicadas (Instituto GGA).

Chakravorty S., Pandey R.P. and Choaube U.C. (2013), "trend and variability analysis of rainfall series at seonathriver basin Chattisgadh", International journal of applied and engineering research, Vol 2, Page 425-434, India.

Chen N.S., Hu G.S., Deng W., Khanal N., Zhu Y.H., e Han D. (2013)" Sobre os perigos da água na bacia do rio Kosi transfronteiriço "Nat. Perigos da Terra syst. Science vol 13, Página 795-808

Civita, M. (1994). Le carte della vulnerabilita degli acquiferi all'inquinamento. Estudos sobre a vulnerabilidade dos adquirentes. Teoria & Pratica. Bolonha: Pitagora Editrice.

Civita, M., De maio, M. (2004). Avaliação e Mapeamento da Vulnerabilidade das Águas Subterrâneas à Contaminação: A abordagem "combinada" italiana. Geoffsica Internacional , 43 (004), 513-532.

CPHEEO. (2012). Organização Central de Saúde Pública e Engenharia Ambiental de Von, Ministério do Desenvolvimento Urbano, Governo da Índia: cpheeo.nic.in/SDWQ%20-%2025/16%20Raipur.PDF

Dixon B (2005) Groundwater vulnerability mapping: a GIS and fuzzy rule based integrated tool. Appl Geogr 25:27-347. doi: 10.1016/j.

apgeog.2005.07.002

Drapela K. e Drapelova I. (2011) "Application of Mann Kendall test and Sen's s slope estimates for the trend detection in deposition data from BilyKriz" Vol 4(2), Page 133-146

Ducci, D., (2010) "Aquifer Vulnerability Assessment Methods: The NonIndependence of Parameters Problem" J. Water Resource and Protection, 2010, 2, 298-308

Dunne, S. (2004). Apêndice - Métodos de Mapeamento da Vulnerabilidade Existentes. Em F. Zwahlen, COST Action 620 - Vulnerability and risk mapping for the protection of carbonate (karst) aquifers: Relatório final. Serviço de Publicações da UE (OPOCE). 293-297

Esmaeilpour M. e Dinazhooh Y. (2011) "Analysing long term of potential evapotranspiration in the southern parts of the Aras River asin" Vol 47, No. 3, Page 49-52, Iran

Focazio, M. J., Reilly, T. E., Rupert, M. G., e Helsel, D. R. (2002). Assessing Ground-Water Vulnerability to Contamination: Providing Scientifically Defensible Information for Decision Makers. Denver: U.S. Geological Survery Circular 1224.

Foster, S. S. (1987). Conceitos fundamentais sobre a vulnerabilidade dos aquíferos, risco de poluição e estratégia de proteção. Em G. van Waegeningh, Vulnerability of Soil and Groundwater to Pollutants. Haia: Instituto Nacional de Saúde Pública e Higiene Ambiental. 69-86.

Foster, S. S. (1998). Groundwater recharge and pollution vulnerability of British aquifers: a critical overview. London: Geological Society.

Foster, S., Hirata, R., Gomes, D., D'Elia, M., Paris, M. (2002). Groundwater Quality Protection - a guide for water utilities municipal authorities and environment agencies. Washington, D.C.: Banco Mundial/Banco Internacional para a Reconstrução e o Desenvolvimento.

Gaieb, S. e Hamza, M.H. (2013) "Avaliação da vulnerabilidade à poluição agrícola das águas subterrâneas de Bou Arada Laroussa de acordo com o método SI aplicado pelo SIG" Journal of Research in Environmental and Earth

Ciências, 01 (2013) 01-10 p-ISSN: 2356-5799 / e-ISSN: 2356-5802

Garrett, P., Williams, J., Rossoll, C., e Tolman, A. (1989). Are ground water vulnerability classification systems workable? Columbus: Associação Nacional de Águas Subterrâneas.

Gogu, R. C., e Dassargues, A. (2000). Tendências actuais e desafios futuros na avaliação da vulnerabilidade das águas subterrâneas utilizando métodos de sobreposição e índice. Geologia Ambiental, 39 (6), 549-559.

Hamid A.T., sharif M. e Archer D. (2013) "Analysis of temperature trend Sutluj River basin" Vol 5 Issue 8, Page 1-9, India.

Holting, B., Haertle, T., Hohberger, K.-H., Nachtigall, K., Villinger, E., e Weinzierl, W., (1995). Konzept zur Ermittlung der Schutzfunktion der Grundwasseruberdeckung. (B. f. Rohstoffe, Hrsg.) Geologisches Jahrbuch , C (63), 5-24.

Jain S.K. e Kumar V. (2012) "Trend analysis of rainfall and temperature data for India" Vol 102(1) Page 37-49, India

Jha, R., Singh, V. P., e Vatsa, V. (2008) "Analysis of Urban Development of Haridwar, India, Using Entropy Approach" KSCE Journal of Civil Engineering (2008) 12(4):281-288 DOI 10.1007/s12205-008-0281-z

Jinsheng Wang, H. H. (2012). Avaliação e validação da vulnerabilidade das águas subterrâneas ao nitrato com base num modelo DRASTIC modificado: Um estudo de caso na cidade de Jilin, no nordeste da China. Science of the Total Environment 440, 14-23.

Karmesu N. (2012), "Trend detection in annual temperature and precipitation using the Mankandell Test" Vol 47, page 126, U.S.A.

Khambhammettu P. (2005) "Mann Kendall analysis for the Fort ord site "Apêndice D, Relatório Anual de Monitorização das Águas Subterrâneas, Califórnia

Khan, A., Khan, H. H., Umar. R. e Khan, M. H. (2014) "Uma abordagem integrada para o mapeamento da vulnerabilidade do aquífero usando GIS e conjuntos aproximados: estudo de um aquífero aluvial no norte da Índia" Hydrogeology Journal 22: 1561-1572 DOI 10.1007/s10040-014-1147-8

Khemiri, S., Khnissi, A., Alaya, M. B., Saidi, S. e Zargouni (2013) "Using GIS for the Comparison of Intrinsic Parametric Methods Assessment of Groundwater Vulnerability to Pollution in Scenarios of Semi-Arid Climate. O caso das águas subterrâneas de Foussana no centro da Tunísia" Journal of Water Resource and Protection, 2013, 5, 835-845

Kriplani, R.H. e Dhorde, A.G. (2008) "Trend Analysis and change point detection of annual and seasonal precipitation and temperature series over southwest Iran "vol 123 (2) Page 281-295,Iran

Liggett, J., e Talwar, S. (2009). Avaliações da vulnerabilidade das águas subterrâneas e gestão integrada dos recursos hídricos. Boletim de Gestão de Bacias Hidrográficas Vol. 13/No. 1 , 18-29.

Lindstrom, R. (2005). Groundwater vulnerability assessment using processbased models. Stockholm: KTH Royal Institue of Technology.

Lodwick, W. A. Monson W, e Svoboda L (1990). Erro de atributo e análise de sensibilidade de operações cartográficas em sistemas de informação geográfica: análise de adequação. Revista Internacional de Sistemas de Informação Geográfica, 4(4), 413-428.

Longobardi A. e Vilani P. (2009), "Trend analysis of annual and seasonal rainfall time series in the Mediterranean area", International journal of climatology, Vol-113(1), Page 186-195, Itália.

Lowe, M., e Butler, M. (2003). Sensibilidade e vulnerabilidade das águas subterrâneas aos pesticidas, Heber e Round Valleys, Wasatch County, Utah. Miscellaneous Publication 03-5, Utah Geological Survey, ISBN:1-55791-695-0.

Majandang, J. e Saraapirome, S. (2013) "Avaliação da vulnerabilidade das águas subterrâneas e análise de sensibilidade em Nong Rua, Khon Kaen, Tailândia, utilizando um modelo SINTACS baseado em SIG" Environ Earth Sci (2013) 68:20252039 DOI 10.1007/s12665-012-1890-x

Margat, J. (1968). Vulnerabilite des nappes d'eau souterraine a la pollution. Orleans: BRGM.

Merchant, J. W. (1994). Avaliação do risco de poluição das águas subterrâneas com base em SIG: Uma revisão crítica do modelo DRASTIC. Engineering &

Sensoriamento Remoto, 60 (9), 1117-1127.

Merchant, J. W. (1994). Avaliação do risco de poluição das águas subterrâneas com base em SIG: Uma revisão crítica do modelo DRASTIC. Photogramm Engineer and Remote Sensing, 60(9), 1117-1127.

Mondal A., Kundu S. e Mukhopadhaya A. (2012) "Rainfall trend analysis by ManKandell Test" Vol 31(18), Page 1201-1211, India.

Napolitano P., e Fabbri A. G. (1996). Análise de sensibilidade de um único parâmetro para a avaliação da vulnerabilidade de aquíferos utilizando o DRASTIC e o SINTAS. Actas da conferência de Viena sobre HydroGIS 96: Application of geographic information systems in hydrology and wate resources management, 559-566.

Conselho Nacional de Investigação. (1993). Groundwater vulnerability assessment: predicting relative contamination potential under conditions of uncertainty (Avaliação da vulnerabilidade das águas subterrâneas: previsão do potencial de contaminação relativa em condições de incerteza). Comité para a avaliação da vulnerabilidade das águas subterrâneas. Washington, DC: National Academy Press.

Nauri H.Ghayour H.,Masoodian A.,Azadi A. e Ildoromi A. (2014) "The effect of Sea surface Temperature and 2m Air Temperature and 2m Air Temperature on precipitation events in the southern coasts of Caspian sea", Vol 1(4), Page 369-383

Neukum, C., Hotzl, H., e Himmelsbach, T. (2008). Validação de métodos de cartografia de vulnerabilidade através de investigações de campo e modelação numérica. Hydrogeology Journal (16), 641-658.

Nobre, R., Rotunno Filho, O., Mansur, W., Nobre, M., e Consenza, C. (2007). Mapeamento de vulnerabilidade e risco de águas subterrâneas usando SIG, modelagem e uma ferramenta de lógica difusa. Jornal de Hidrologia de Contaminantes (94), 277-292.

Nori, W., Elsidding, E., e Niemeyer, I. (2008) "Detection of land cover changes using multi-temporal satellite imagery" The International Archives of the Photogrammetry, Remote Sensing and Spatial Information Sciences. Vol. XXXVII. Parte B7. Pequim

Onoz B. e Bayazit M. (2002)" The power of statistical tests for Trend detection" Jornal of Env. Science engineering,vol 27(208), Page 247-

251

Opere A. Githui F.W., e Bauwens W. (2008), "Statistical and trend analysis of rainfall and river discharge in yala river basin", página 1-11, Quénia

Panagopoulos, G., Antonakos, A., e Lambrakis, N. (2006). Otimização do método DRASTIC para avaliação da vulnerabilidade das águas subterrâneas através da utilização de métodos estatísticos simples e SIG. Hydrogeology Journal (14), 894-911.

Popescu, I. C., Gardin, N., Brouyere, S., e Dassargues, A. (2008). Avaliação da vulnerabilidade das águas subterrâneas utilizando modelação de base física: dos desafios às soluções pragmáticas. Em J. C. Refsgaard, K. Kovar, E. Haarder, & E. Nygaard, Calibration and Reliability in Groundwater Modelling: Credibility in Modelling. 83-88.

Porcel, R. A. D., Schuth, C., Gomez, H. D. L., Hoppe, A. e Lehne, R. (2014) "Impacto do uso da terra e análise de nitrato para validar mapas de vulnerabilidade DRASTIC usando uma plataforma GIS da bacia do rio Pablillo, Linares, N.L., México" International Journal of Geosciences, 2014, 5, 1468-1489

Putra, D., e Baier, K. (2009). Der Einfluss ungesteuerter Urbanisierung auf die Grundwasserressourcen am Beispiel der indonesischen Millionenstadt Yogakarta. Cybergeo - Journal of European Geography - Environnement, Nature, Landsacape (469).

Qamhieh, N. S. (2006). Assessment of Groundwater Vulnerability to Contamination in the West Bank, Palestine [Avaliação da vulnerabilidade das águas subterrâneas à contaminação na Cisjordânia, Palestina]. Nablus: Universidade Nacional An-Najah.

Rahman, A. (2008). Um modelo DRASTIC baseado em SIG para avaliar a vulnerabilidade das águas subterrâneas num aquífero pouco profundo em Aligarh, Índia. Geografia Aplicada, 3253.

SAMAKE, M., Tang, Z., HLAING, W., MBUE, I. N., Kasereka, K., e Balogun, W. O. (2011). Avaliação da vulnerabilidade das águas subterrâneas em aquífero raso na bacia de Linfen, província de Shanxi, China, usando o modelo DRASTIC. Jornal de Desenvolvimento Sustentável, Vol 4, No. 1.

Samake, M.m Tang, Z., Hilaing, W., Mbue, I. N., Kasereka, k. e Balogun, W. O. (2011) "Avaliação da vulnerabilidade das águas subterrâneas no aquífero raso da bacia de Linfen, província de Shanxi, China, utilizando o modelo DRASTIC" Journal of Sustainable Development Vol. 4, No. 1

Sappa, G., Vitale, S. (2001). Proteção das águas subterrâneas: contribuição da experiência italiana. (UNECE, Hrsg.) International workshop on the protection of groundwaters used as a source of drinking-water supply.

Secunda S, Collin M, e Melloul AJ (1998) Avaliação da vulnerabilidade das águas subterrâneas utilizando um modelo composto que combina o DRASTIC com a utilização extensiva do solo na região de Sharon em Israel. J Environment Manage 54(1):39-57. doi:10.1006/jema.1998.0221

Shobhnath, A. M. (2000). Impact of Urbanisation on Groundwater resources of raipur Urban Agglomerate (Impacto da urbanização nos recursos hídricos subterrâneos do aglomerado urbano de Raipur). Raipur: Workshop sobre Estratégias para a Gestão das Águas Subterrâneas em Madhya Pradesh.

Singh, A. (1989) Artigo de revisão Digital change detection techniques using remotely-sensed data, International Journal of Remote Sensing, 10:6, 989-1003, DOI:10.1080/01431168908903939

Sinha, M. K. (2014). Avaliação da vulnerabilidade da contaminação usando o modelo DRASTIC. Tese de mestrado não publicada no Instituto Nacional de Tecnologia de Raipur, chhattisgarh, Índia.

Sinha, M.K., Verma, M.K., Ahmad, I., Baier, K., Jha, R. e Azzam, R. (2016) "Assessment of groundwater vulnerability using modified DRASTIC model in Kharun Basin, Chhattisgarh, India" Arab J Geosciences 9: 98 DOI 10.1007/s12517-015-2180-1

Sinreich, M. (2009). Konzept der Vulnerability im Grundwasserschutz. gwa , 89 (2), 109-117.

Tesoriero, A. J., e Inkpen, E. L. (1998). Assessing Ground-Water Vulnerability Using Logistic Regression. Actas da Conferência de Avaliação e Proteção da Água de Origem, 157-165.

Thirumalaivasan, D., Karmengam, M., e Venugopal, K., (2013) "AHP-DRASTIC: software para avaliação da vulnerabilidade de aquíferos específicos utilizando o modelo DRASTIC e SIG" Environmental Modelling & Software 18

(2003)645-656

Todd, D. K. (1980). Groundwater hydrology (2ª ed.). New York: NY: Wiley.

Van Stempvoort, D., Ewert, L., e Wassenaar, L. (1993). Aquifer Vulnerability Index: A GIS-compatible Method for Groundwater Vulnerability Mapping. Canadian Water Resources Journal, 18 (1), 2537.

Wakode, H. B., Baier, K., Jha, R. e Azzam, R. (2013) "Analysis of urban growth using Landsat TM/ETM data and GIS-a case study of Hyderabad, India" Arab J Geosciences DOI 10.1007/s12517-013-0843- 3

Wang, T. R., Pedroni, N. e Zio, E. (2015) "Identification of protective actions to reduce the vulnerability of safety-critical systems to malevolent acts: A sensitivity-based decision making approach" Reliability Engineering and System Safety S0951-8320(15)00269-0

Buy your books fast and straightforward online - at one of world's fastest growing online book stores! Environmentally sound due to Print-on-Demand technologies.

Buy your books online at
www.morebooks.shop

Compre os seus livros mais rápido e diretamente na internet, em uma das livrarias on-line com o maior crescimento no mundo! Produção que protege o meio ambiente através das tecnologias de impressão sob demanda.

Compre os seus livros on-line em
www.morebooks.shop

Printed by Books on Demand GmbH, Norderstedt / Germany